奋斗：世界不会亏待你

一缕清光 著

北方妇女儿童出版社
·长春·

图书在版编目（CIP）数据

奋斗：世界不会亏待你 / 一缕清光著. -- 长春：北方妇女儿童出版社, 2019. 4（2023.5重印）
ISBN 978-7-5585-3294-8

Ⅰ. ①奋… Ⅱ. ①一… Ⅲ. ①成功心理-通俗读物 Ⅳ. ①B848. 4-49

中国版本图书馆 CIP 数据核字（2018）第 301492 号

奋斗：世界不会亏待你

FENDOU SHIJIE BU HUI KUIDAI NI

出 版 人：师晓晖
策　　划：师晓晖
责任编辑：关　巍
排版制作：文贤阁
开　　本：880mm×1230mm　1/32
印　　张：5
字　　数：140 千字
版　　次：2019 年 4 月第 1 版
印　　次：2023年5月第5次印刷
印　　刷：旭辉印务（天津）有限公司
出　　版：北方妇女儿童出版社
发　　行：北方妇女儿童出版社
地　　址：长春市福祉大路5788号
电　　话：总编办：0431-81629600
　　　　　发行科：0431-81629633

定　　价：29.80元

PREFACE 前言

“奋斗”是一个永恒的话题，何为奋斗？在我眼里，奋斗是一个过程，也是一种姿态。虽说奋斗不一定能达到最终的目的，成为人生赢家。但可以肯定的是，如果你不肯奋斗，你的人生连一丝改变的可能也不会有。

我们常把奋斗的方向冠以梦想之名，拼尽全力朝着那里追赶。因为梦寐以求的地方太过遥远，有的人半路就放弃了追逐，找了个地方安营扎寨；有的人走着走着就偏离了原先的轨道；而只有专心致志、坚持不懈的人最终站在了梦想的高山上。在奋斗的路上，累了休息一下不是不可以，但是希望你别忘了最初的梦想。

我们每一个人都有梦想，有的人梦想成为科学家，有的人梦想成为将军，有的人梦想成为飞行员，有的人梦想成为舞蹈家，有的人梦想成为作家，有的人梦想成为百万富翁……

正是因为这一个个梦想，我们的生活才会充实，才会把梦想化为理想，并为之奋斗。如果不是因为梦想，爱迪生、居里夫人等等不会有那么多的发明，正是因为他们这些人的梦想，才使我们的世界如此精彩。

可是，有一些人好像进入了一种认识误区，他们认为优秀的人才需要奋斗，平庸的人奋斗了也是白费。其实，优秀的人也不是生来就那么优秀，也是通过不懈努力和奋斗，才使自己的人生一步一步发生质变的；而平庸者之所以会平庸，只是因为努力得不够，绝不是天生如此。

其实，在奋斗的路上，生活再公平不过。它不看容貌和出身，也不管金钱和地位，它只认个人的努力程度。因此，你能活出什么样，谁说了都不算，只有你自己说了算。能够笑着走到最后的人，必定是抓住每一段时光努力奋斗的人。

总之，只要你肯奋斗，世界就不会亏待你。无论是正值青春，还是已到而立不惑之年，都不要早早地给自己的余生下定义。你不知道，时间虽然有时候残忍得不肯为你停留哪怕一秒钟，但它却又公平无私得不会给任何一个人开小灶。只要你有追赶时间的勇气，愿意用有限的生命进行搏击，世界一定不会亏待你。

最后，千万不要忘了听从己心。能够在人生的大舞台上脱颖而出的人，可不是只会追逐别人的脚步，人们需要学会发现自己的棱角，并保留它，然后活出自己的特色。

亲爱的读者朋友们，或许你常常被生活沉重的锁链绊住脚，在无数个无眠的深夜泪流满面，但请相信世界是美好的，值得我们去奋斗！

为梦想，为生存，一路奔波，奋斗，不曾言弃……

CONTENTS

目录

别认尿，优不优秀你说了算

愿你倾付一生，等那一场梦想花开

现实扎心，唯有努力才不枉这年华

用痛来致敬我们的岁月

以己之名，不负此生

别认㞞，优不优秀你说了算

▼

别认㞞，优不优秀你说了算

朋友张寒在一所重点高中任教。他昨天来我家做客，进门就直奔冰箱，拿了两罐啤酒，一屁股坐在床上，打开一瓶猛灌几口，一边喝一边抱怨："'别人家的孩子'太难超越了。"

我听完，心想："什么鬼？"我问他怎么回事。张寒语速很快，噼里啪啦说了一通。不过好在我总算知道是怎么回事了。原来是张寒亲戚家的姐姐考上了公务员，下周就要去政府机关单位上班了。张寒的父母知道后，回家就一直跟他说亲戚家的姐姐有多厉害、多出息。我本想安慰张寒几句，但他突然躺在床上，有点儿埋怨地嘟囔道："他们都不是'别人家的父母'，怎么能老是要求我成为'别人家的孩子'呢？"

张寒爸妈打张寒小的时候就望子成龙，或许因为张寒是家里唯一的孩子吧，张寒爸妈一直以“别人家的孩子”给他做榜样。最可怕的是，不管是哪个年龄段，张寒爸妈总能找到榜样作为张寒的参照物，昨天是数学竞赛得了第一名的某某哥哥，今天就变成了考上重点大学的某某姐姐。

他特别无奈地跟我说：“我在‘别人家孩子’面前一直认㞞，不是我想认，是不得不认，我赢得了这个，赢不了那个。而且你知道吗？我觉得我这辈子就没比谁厉害过、优秀过。”

我知道他现在是有些在赌气了，便告诉他：“谁规定说你一定要跟这个人比，跟那个人比的？人生又不是一场竞赛，没人规定你必须要比赢多少人你才是优秀的。确实，张叔他们可能有些着急，话语上可能会让你觉得自己哪里都比不上别人似的，但是你自己别认㞞啊。其实他们的本意不过就是想激励你，在你迷茫的时候，给你几个可以选择的目标，给你指几个努力的方向。至于往哪里走，是你自己决定的。咱们就拿这次公务员的事情说吧，你不妨这么想：你在学校做老师的时候，不是一直说学校的事情特别多，比较累吗？张叔他们看在眼里，肯定会担心。他们给你提亲戚家姐姐考上公务员的事情，并不是要你去考公务员，而是给你一种选择，而选择权从来都是掌握在你的手里的。”

张寒低下头，不知道在想些什么。突然他抬起头，定定地看着我，特别认真地说：“其实，小的时候你也是我爸妈口中‘别人家的孩子’。”

我扑哧一笑："你又何尝不是呢？"

是啊，不管是小时候还是长大了，无论我们优秀成什么样子，我们都比不过"别人家的孩子"。而且，你我有时候在不知情的瞬间就成了"别人家的孩子"。其实根本就没有必要去比，因为父母总是拿别人优秀的地方来跟自己的短处或自己并不擅长的地方做比较。很多时候父母们常常忘记一个事实，那就是每个孩子都是不一样且独一无二的个体。

无可厚非，"别人家的孩子"是优秀的，但是自家孩子的闪光点也不容忽视。或许父母不知道，一句别人家孩子有多好、多优秀，会让自家孩子一次次在"别人家孩子"面前抬不起头来，在世界面前抬不起头来。

不必害怕比较，也别轻易认㞞。人就像水一样，把他放到什么形状的器皿里面就会变成什么样子，你想在未来变成什么样子，是由你自己说了算的。

好友周南给我打电话，说自己失恋了，语气里满是失落。

我有些惊讶，周南和他女朋友大学时就在一起，已经4年了，而且感情一直都很好。我问他分手原因，周南用一副无奈的口吻告诉我："或许是我还不够优秀吧！"

"或许是我还不够优秀吧！"周南的这句话萦绕在我心头好久。爱情要是能比较着来，谁优秀跟谁在一起，那还是爱情吗？爱情里有身不由己，有言不由衷，在不想说出真相的时候，人们避免不了会把原因归结在自己身上：我是不是不够优秀，所以他/她才会离开我？其实不然，因为优秀与否不是由离开的那个人说了算的。

后来我有些担心周南，便给他打过两回电话。

第一次周南依旧沉溺于女友离他而去的悲伤里，在电话里一直问我：“是不是我不够好啊？一定是这样，一定是我不够优秀，她才会离开我，跟别的男人走了。”我安慰他：“不要想太多，分一次手不代表你就彻彻底底输了，生活还是要继续往前看的。”

第二次周南的态度有所改变，他说：“我还是忍不住去找了她，想让她给我一个明确的理由。结果她告诉我当时分手的理由是她觉得那个男人更适合自己。”这是一个特别烂而恰如其分的借口。适合，但是没有爱情，这一下子伤害了两个男人。我以为周南又要开始陷入自我批评的深渊里，不料他深呼一口气说：“别担心我，分手没什么，不是每一场分手都是因为眼前的人没有那么美好或者遇到了更优秀的人。我是不会在爱情里认㞞的，放心。”

爱情里有很多说不清道不明的东西。很多人说：“爱情来的时候没有理由，那么，爱情走的时候又怎么会有理由呢？”如果非要有的话，我相信任何一对用心爱过的人，一方分手时的理由都不会是：“你不够优秀，所以我离开你去找另一个足够优秀的人。”很多时候，没必要妄自菲薄，优不优秀是你自己说了算的。

人是群居的生物，没有人是一座孤岛。所以也就意味着谁都避免不了要在别人的眼睛里看到自己，多多少少会看到几次意想不到的一面。但是无须恐惧、无须慌张，因为让别人看到什么样的自己是由你说了算的。别人说你不行没有用，你自己要证明自己到底行不行。

最后，送给你这句话共勉：做一个明媚的女子，不倾城，不倾国，以优雅之姿，去摸爬滚打；做一个丰盈的男子，不虚华，不浮躁，以先锋之姿，去奋斗拼搏。

▼

只有你优秀，才有说“不”的权利

晚上七点半，好不容易今天不用加班，我早早就吃完饭，也不着急收拾，想着下楼走一走，溜溜食。

空山新雨后，天气晚来秋。凉风袭来，令人不由得紧了紧外衣。

走得有些累了，打算在小区的长椅上歇一歇，隐约看到长椅上坐着一位姑娘，凑近一看，这不是公司企划部的宣染嘛。

宣染来公司的时间不长，性格有些内向。其实，公司人那么多，想记住一个人不容易，再加上我这个人是个典型的脸盲，常常出现名字和脸对不上的情况，不过宣染我倒是听说过。与其说我听说过她，不如说我是先听说过“便利贴小姐”的称呼。

第一次听到“便利贴小姐”这个名号是从企划部老大嘴里。听他说每每大家忙得不可开交的时候，就会有人找“便利贴小姐”帮忙，她基本都会答应，后来团队的人熟了之后，渐渐都来找她帮忙，有的时候事情多了，她怕记不住，就写在便利贴上。时间一长，宣染的工位上便贴满了花花绿绿的便利贴，之后就有了这个外号——便利贴小姐。很多时候明明自己的事情一大堆，还需要加班完成，结果还要帮别人干一些有的没的事情，例如端茶倒水、打印复印等。

我跟她打了声招呼，便坐下了。看她手里还拿着咬了几口的面包，长椅旁还有已经打开的牛奶，说：“这么晚吃饭？怎么坐这儿吃？”

宣染不好意思地笑笑说：“加班来着，没顾得上吃东西，实在是累了，就坐这儿歇会儿。”

“够拼的呀，也是，前些天公司接了个大案子，各个部门都忙起来了。尤其是你们部门，肯定抓得特别严。”

“嗯嗯，是挺紧张的，大家都忙着写策划案呢，我今天桌子上的便利贴都是要打印、复印的企划案，要得都很急呢。”

“便利贴？怎么，你现在桌子上还有便利贴啊？不是都转正了吗？”

“是转正了，但是，我没办法融入大家，企划案我还不能独立完成，现在大家都忙着做方案，我只能帮着打打下手。同事们给我在桌子上贴的便利贴，我没法撕下来不管啊！”

……

我看着宣染，脑海里突然蹦出了些想法。“便利贴小姐”其实就是不优秀，不会承担很重要的事务，从来就不是什么Somebody，也不期待变成一个Somebody，不懂得拒绝别人，或者说没有能力和别人说“No”的人。

在一家公司或一个团队里，如果你是新成员，那肯定是需要进行磨合的。刚开始还没有找到自己定位的时候，由于没有足够的能力，不能够优秀地完成很多的事情，那么就避免不了会帮着团队中的一些老员工做一些打打下手的事情。但是要是你一直甘于这样做，不尽快吸收养分，只是继续干一些没有营养的工作。那么你很快就会发现，即便是过了试用期，你也依然无法跟上团队的节奏，找不到自己的定位，还是无法独立地做好一件事情。没有办法在别人让你买咖啡的时候，说一声“不”；没有办法在别人让你打印文案的时候，说一声“不”；没有办法在晚上要求你加班的时候，说一声“不”。

宣染吃完剩下的面包，喝了几口牛奶。把垃圾扔进一个袋子里后，她对我说：“你觉不觉得，敢对别人说‘不’的人特别酷?”

“嗯嗯，特别酷!”

优秀到可以说“不”的人怎么会不酷呢？或许在人生的起跑线上，你有些落后了，但是这不妨碍你变得优秀，只要你想变得优秀，什么时候都来得及。很多人一开始或许没有说“不”的机会，但是总有一天会有的。

几天前，一个读博士的朋友老纪打电话给我，他有些心烦地问我，明明是自己的劳动成果为什么要带上别人的名字？原来朋友在准备论文期间，有一部分晦涩的知识点是在导师的帮助之下解答的，因此按照规定是需要填写上导师的姓名的。

听朋友说完之后，我有些哑然，等了一会儿，问："为什么不可以加上导师的名字？"

"论文的99%是我自己完成的，只有一个章节是在老师的指导下完成的。我并不是漠视老师的帮助，也不是介意加上老师的名字，只是担心大家看到结果就会磨灭我那99%的努力。"

"可是要是没有导师的帮助，论文你现在也完不成，不是吗？"

老纪不再说话。

老实说，我非常理解他的心情。明明优秀到了99%，但是只差1%，也是没有勇气说出"不"的。因为你的能力不足以支撑起灵魂的重量，那么在答卷落款的时候，荣誉又怎么会完全属于你。但是在否定一切之前，可以先静下心来，给自己能量，给自己养分，让自己茁壮，让自己成长。因为，命运不会因为一个人走得慢就薄待他。请相信，不断进步，经过一点点努力变得优秀的人，迟早是会发光发热的。

之后很长的一段时间里，老纪都没有联系过我，以我对他的了解，他不会生我的气。通过看他的朋友圈动态，我知道他又开始准备另一篇关于生物医学的论文，每天都很忙，偶尔我会点个赞。

几个月之后，我收到一份来自老纪的快递。里面是一本杂志，上面登载了一篇论文，最后落款处是一个人的名字。我笑了，给老纪发了微信。

"祝贺你，这次是属于你一个人的荣誉。"

其实不管是已经转正的“便利贴小姐”，还是朋友老纪，他们都有想要说“不”的事情，或大或小。其实每个人都有说“不”的权利，只不过有的人可以说得毫无顾忌，有的人却选择“让步”。前者是足够优秀的人，而后者却是没得选。

人生最大的魅力就在于有选择，要是每每有岔路，就选择往一个方向走，那么人生还有什么意思呢？而且，选择要是背离自己的内心，之后的路肯定也不会好过。明明有选择，却被莫名的不够努力变成了没得选。我知道，人生中还是会出现“便利贴小姐”的。当然，像朋友老纪一样的人肯定也在慢慢努力地成为可以优秀到说“不”的人，并最后变成很酷的人。

▼

想让世界高看你，你得有资本

昨天老妈打电话过来，说表妹要来我所在的城市参加一次面试，让我去车站接她，安排住在我那儿，让我关照一下。

表妹抒恩，是舅舅家的独生女，从小就长得很漂亮，是个很注重外表的姑娘。

车站人不少，接到表妹之后，我掂了掂手里的行李箱，真沉呀。回到家，我倒了杯水给她，说：“你这大包小包的，跟逃难似的，肯定不是只为了看我吧？坦白从宽，抗拒从严啊。”

她讪讪一笑，说：“哥，我这不是马上要毕业了嘛，所以投了一份 XXX 公司的简历，明天要去面试，想让你帮我参谋参谋，我得好好准备一下。”

我说：“嗯，这家公司不错，我有听说过，特别锻炼人，貌似挺难进的，是得好好准备。不过那家公司的专业我不了解，隔行如隔山，恐怕我也帮你出不了什么好主意。”

她说："没关系，我让你帮我参谋的是这些。"

表妹走向那个大的行李箱，哐当一声，行李箱一分为二。我一看，行李箱里满满当当的都是衣服。不是就待三天的时间吗，至于带这么多衣服？

"哥，你不是也说这家公司很不错吗，我觉得肯定是非常注重外在形象的吧，所以我务必要给面试官留下一个好印象。"

"任何一家企业都是会注重外在形象的，XXX 公司也一样。不过，企业更注重的是你有没有足够的实力和资本匹配上你的职位。"

她点点头，显然并不以为意。吃完晚饭后，她就兴奋地搭配着各式各样的衣服，还时不时地征求我的意见。

第二天，抒恩去公司面试。晚上回来后，我问她面试结果如何。抒恩很失落，说在复试的时候，有一个女孩跟她一起。那个女孩素面朝天，衣服也是简单的衬衫黑裤。面试结果却是那个女孩被录取，自己被刷了。

我问："除了衣着，你有注意到那个女孩在面试的时候还有什么特别之处吗？"

抒恩回忆说："一开始，XXX 公司的面试官并没有怎么看她。之后在复试的时候，面试官给我们出了一个专业技术优化的问题，我是按照业内规范的答案回答的，但是那个女孩却要了一张纸，现场演示了一种比较特别的算法。"

我接着问："那结果怎么样呢？"

抒恩脸上隐隐有些敬佩，说："她的算法的确很棒，不仅要比规范的算法节约时间，而且要是真的实际操作起来，还会缩减了将近一半的投入。再后来，面试官就一直跟那个女孩探讨这套算法，眼睛里全是光芒，跟捡到什么宝贝似的。”

漂亮是资本，但不是所有事情的通行证。面试的时候，或许会因为不俗的外表加分不少，或许会有幸进到企业，但是后期如果没有与工作对等的实力或者愿意钻研创新的毅力，之后只怕会成为“猪队友”。不仅自己没有进步，还会拖累他人。在求职的时候，出于礼貌，给面试官的第一印象固然重要，但是也不能全然不顾自己的实力。任何一家企业的发展绝对不是依靠一个个华而不实的“花瓶”，而是一个个有资本的“实力派”。

上个月，我参加了一个同学聚会。跟许久不见的同学们在一起，话题总是离不开当时学校里的那些风云人物。

“对了，你们还记不记得，咱们上学的时候外语系的那个学霸静吟？”

“静吟？是不是大三就获得了去美国做交换生的机会，毕业还是研究生双学位的那个？”

“嗯嗯，除了她，谁还能称作是学霸啊。我前几天看到她了，你们猜在哪儿？”

“在 CBD 的高档写字楼里？”

“不是。”

“那肯定是优雅的高级餐厅吧？”

“也不是，是在我经常陪我老妈去买菜的菜市场。”

众人一脸不可置信。是啊，那可是学霸静吟，怎么会？

静吟是学校外语系的学姐，在我们心中，那个时候的她比现在我们讲的这些还要优秀，是比任何人都有资本出入高档写字楼和高级餐厅的人。

通过那个同学不断“爆料”，我知道了一些事情。原来，在大三下学期的时候，静吟谈了一个男朋友，因为不想忍受异地恋，就放弃了美国的学业，回国了。大学毕业以后，静吟就结婚了，本来想要继续攻读博士学位的她，在和丈夫商量之后，也放弃了。在家里琐碎的生活里，她不是没想过出来工作，但是长期的家庭生活已经消磨了她以前傲人的资本。虽然她的学历不低，但是专业技能却慢慢地退化了。

每天朗读一篇英文报纸的习惯，渐渐地不再继续了；每周阅读一本外文书籍的爱好，不知不觉地丢掉了；每天下午听英文歌曲的坚持，不知怎的也不会再播放了。时间一长，同学在菜市场碰到她也就不奇怪了。

虽然不否认，在人生的长跑中，的确有人一开始就比很多人领先了一大截，但是领先不见得会是一辈子。一直消磨资本而不积累，那么世界也不会再抬起它那高贵的头颅去看你了。

几天前因为工作关系需要查一些资料，被突然蹦出的广告吸引住了。广告上面说：“流量小生”“流量小花”主演的某电影在上映后取得了很高的票房，创下了业内纪录。

电影是什么我倒不是很在意，但是我对“流量”这个词产生了好奇。毕竟不是一个专业网虫，我特意去问了年纪比我小、常年上网的助理。

助理一："流量就是粉丝会去搜喜欢的明星的周边新闻，会花费很多的流量，有流量的明星才会红啊。"

助理二："不一定吧，光有流量，没有一部代表作也是没用的呀，没有作品却被称为实力演员，很容易就被市场淘汰了。"

听完之后，我的脑海里隐隐浮现出一些想法：其实娱乐圈有的时候也很像是一个现实大世界的缩影。新的血液总是会不定时地注入，谁也不敢保证下一个进来的人到底会不会成为"流量"，但大浪淘沙，能留到最后的才是金子。

时常会在朋友圈看到一些人晒图：去日本，去巴黎，去世界各地旅游，去购物。朋友圈的人纷纷点赞，在评论区里的留言满是羡慕。有的是真的有资本，有的只是自我安慰。能让世界高看的绝对不是拥有或者享用迪奥、香奈儿的人，而是和这些奢侈品等值的本身，是拥有资本的灵魂。若想真的强大，获得别人的赏识，让世界高看你，首先你得有足够的资本对得起世界的仰望。

▼

全世界都可以轻视你，只有你自己不可以

“老弟最近忙啥呢？我回国办点儿事情，明天下午回伦敦。咱们今天晚上聚一下，喝一杯？”

“好啊，喝几杯都行，对了，叫上慧言一起吧，地址发给我。”

与我通话的是直系学姐柳溪。我俩是在一场设计竞赛上认识的，她第一，我第二，算得上是英雄惜英雄吧。毕业以后，她就选择去英国留学深造了，之后就一直在伦敦的一家上市公司做设计，是个典型的女强人。

慧言是我大学时在一个摄影社团认识的学妹。毕业之后，慧言放弃了原本的建筑专业，毅然选择了做一名摄影师，因为刚刚起步，水平和能力还未得到认可，前期就仅能接一些婚礼上的录影之类的工作。

上学那会儿，我们三人都喜欢摄影，爱好一致，自然能聊得

来，没课的时候就一起出去摄影。毕业后，为了追求各自的生活和梦想，同学们各奔东西，时间一长，联系少了，便也没了交集。庆幸的是，我们三人虽平常不怎么联系，但每次学姐回国，我们都会聚一下。

晚上，我换了身轻便的衣服，到了地儿，看见学姐坐在一个靠窗的位置。我跟她一边聊着这些年学姐在国外的所见所闻，一边等慧言。

一个小时后，慧言才过来。

她满脸歉意，一边坐下一边说："不好意思，久等了吧，这次我请客。"慧言不是一个喜欢迟到的人，我知道她肯定是被什么事情给绊住了，看她满头大汗，我问："你这是从哪来的啊？出这么多汗？"

慧言喘了口气说："刚从一个婚礼上过来，这次婚礼的步骤特别多，录了十多个小时呢。"

我看她实在是累得够呛，便不再多说。学姐倒是不愿意就这么"放过"慧言，酸酸地说："你说你，好好的建筑设计不干，偏偏选择干摄影，摄影就摄影吧，总是去赶婚礼算怎么回事啊？"

学姐是个直爽的性格，想到什么就说什么。慧言许是听惯了这样的话，也没生气，反而笑着说："我们家是建筑世家，家里多的是干建筑的，不缺我一个。学姐，你是不知道，其实录婚礼的视频特别锻炼人，我现在的摄影技术进步神速呢。"

学姐听完也笑了起来，接着说："行啊，你倒是挺会自我安慰的。好，就算你的摄影技术进步了，你现在也没个正经工作，一直这么东跑西颠的，什么时候是个头啊？我都不知道跟你说过多少回了，让你来我在国内的工作室上班，就是不来，自己单打独斗就那么好？”

“学姐，我知道你的意思，感谢你的好意，但是我对现在的生活很满意。”慧言喝了口茶，接着说，“其实，刚开始也有很多的朋友和同学想让我跟他们一起干，也给我介绍了很多不错的工作。但是吧，我还是不喜欢。就比如学姐你的工作室主要是做设计的，我去上班顶多就是做个模特摄影师。而我主攻的是风景和动态记录，设计完全就不是我喜欢和擅长的。学姐，我跟你说实话，我要是去了肯定会特别不自在。”

学姐还是不以为然，不过也不再坚持，只是不说话摇了摇头。我看着慧言，她脸上尽是享受，很是满足当下。在学姐眼里浪费时间且没什么意义的事情，于她却是幸福的。

命运是会垂青努力又坚持的人的。三年后，慧言成功地成立了自己的工作室，还说等学姐结婚的时候，要亲自帮她录影，不收钱。

几天后，我在公司码字的时候，肩膀有些难受，就想着去茶水间休息，刚到门口，就听见两个同事的对话。

同事小李：“整个公司就属咱们的工作最没技术含量了，谁都觉得咱们的工作不重要，咱们也不在核心部门，太没劲了，就像个机器上的小齿轮似的，特别不起眼。”

同事小张：“小齿轮怎么了？虽然是有些不起眼，但是哪个机器离了小齿轮能转呀？咱们干的是基础工作，虽然在最底层，不像别的人那么高高在上，但是你想想，房子要想盖得好，不还是要打好地基嘛。底盘够稳，大楼才不容易倒。谁说咱们不起眼了，咱们可重要着呢！”

在生活中，我们都曾评价过别人也被别人评价过。只要还在世界穿行，少不了会有和世界面对面的时候。那个时候，世界会对你肆无忌惮地从头到脚打量。你会受到质疑的眼光、轻视的对待，无论是你的工作还是生活，但是无须畏惧，无须逃避，因为这是再正常不过的了。你大可和世界对立，大可告诉它，我的工作和生活有多了不起。

想起在毕业之前，在 XXX 公司有一段实习的日子。那个时候，我特别喜欢跟一位东北的大哥聊天。他是销售部门的老大，很多的销售好手都是被他提拔起来的，那个时候大家都开玩笑说他撑起了公司的“半壁江山”。

一次闲聊，我忍不住问他：“在组建销售团队的时候，有没有什么秘诀？”

他笑了笑说：“谈不上什么秘诀，我干了这么多年，也见了不少人，所以在选择人的时候会有点儿感悟吧。我在挑徒弟的时候，不会只关注那些能言善道的，还会更加注重一个人身上的一种特质，叫作认同感。比如说在推销一种产品的时候，有这种认同感的人，会更容易且快速地抓住产品的特性，让自己从内心认同这件产品，并且会根据产品的特性，找到并扩大产品的受众群。这样的人会特别好带，在以后的工作里也很好合作，而且离职率也会下降不少。”

的确，如果连自己都不能产生共鸣，又怎么指望别人跟你有一样的感受呢？自己打心眼儿里就没觉得这个产品有什么可购买的，如果你连说服自己的底气都没有，别人又怎么会在你这儿买东西呢？不只是商品，还有人。我们需要对自己和自己的作品有着坚定的认同感。

在爱情里这个也一样适用，换句话讲，如果你自己都不爱自己，你又怎么让别人来爱你，让别人相信你很优秀，值得被人捧在手心里呵护？即便是王子拿着水晶鞋来找你，你都不觉得自己是值得被爱的姑娘，那么就算鞋子是你的，你也不敢试穿。那么之后，王子会依旧寻找，你会一直错过，一直以灰姑娘的面貌示人。

很多时候，我们都困在一个圈里，觉得头顶的天是黑的。但是其实你不知道你以为的黑只是别人告诉你的黑。而天空是黑还是白，这个需要你自己去看。记住只有你自己站在光里，别人看你才会觉得你那边的天空是亮的。

即便是世界都轻视你，你也不可以随随便便就认输，随随便便就妥协。以前在朋友圈看到了这样一句话：懂得坚持的人很多，坚持相信自己的人很少，因为站在对立面的人太多了。即便要与全世界作对，你也要永远相信会有两个伙伴在你身后，它们就是你骨子里的骄傲和勇气。

▼

别被安逸套路了

有时候安逸的生活就像是个甜蜜的套路，让人们不自觉地就中招了，当你后知后觉时，才会拍着脑门大喊后悔。

上周末，我跟老哥去吃饭，老哥去洗手间的时候，电话响了。我看是肖严，就帮着接了。肖严，他是我老哥的大学学长，因为之前有几次去老哥的宿舍送东西，老哥没在就托他帮忙转交。一来二回就熟了，我平时都叫他肖哥。

“喂，肖哥，老哥去洗手间了，有什么事吗？等老哥回来，我帮你转告吧。”

“哦，不用了，等你哥回来，你让他第一时间给我回个电话吧，我这有点儿急事，谢谢了。”

老哥回来之后，我告诉他肖哥的话。老哥听后一脸愁容，叹了口气说“知道了”，拿起手机给肖哥转了一些钱。我有些意外，就问：“老哥，你转钱干吗呢？你不回肖哥电话吗？肖哥说有急事呢。”

老哥：“我回他电话，估计他就开不了口借钱了。”

肖哥打电话的目的居然是借钱？认识肖哥的人都知道，肖哥在四年前创业成功，有一家发展很不错的公司，公司养着几百号人呢，朋友们都羡慕地在背后叫他“肖大老板”。

“老哥，别逗了，肖大老板哪还需要跟你借钱。”

老哥一脸一言难尽的样子，说：“唉，别提了，肖大老板是今时不同往日了。说起来就糟心啊，他公司前些时候碰上点儿事，现在合作的两家企业都要撤资，我问了问我的一个朋友，看看能不能帮他再拉一条资金链，早上才跟肖哥打电话来着，问问情况。听那哥们的语气，怕是连吃饭的钱都没了，都快不想活了。”

听老哥说，肖哥在大学的时候就特别有才华，不仅常常在学校拿到奖学金，有的时候利用自己的专业也能在校外的一些技术比赛里拿到名次获得奖金，甚至还在有关部门申请了专利技术。因此大学还没毕业，肖哥就毅然用自己在大学积累的资金进行创业。因为肖哥学的专业是互联网，在二线城市发展机会相对受限，所以起步的时候特别困难。经过一番思索，大学毕业之后，肖哥就孑然一身地来到了一线城市，想要大展拳脚，闯一番事业。

从一开始的居民房（由在二手市场扛回来的几张办公桌椅和二手电脑拼凑成的小房间），到后来的写字楼的三楼小办公室，再到承包了上下三层楼，到最后引进资金，终于有了三栋楼的规模。不只是办公范围，手底下的人也是从三个人到三十人再到三百人，企业不断做大。

在肖哥的朋友圈里随处可见浓浓的“鸡汤”。看他发的那些图，常常能看到他的办公桌上放着三台电脑，桌子上满满的都是报表，有的会堆积成跟桌前打开的苹果电脑一般高。在他朋友圈里常常可以看到凌晨四五点发的动态，凌晨一两点才刚刚吃饭，日常睡办公室。

老哥告诉我，他到现在都记得，有一天晚上夜里失眠，无聊打发时间的时候翻开朋友圈，看到肖哥凌晨三点发的动态：你见过凌晨三点的北京吗？

朋友圈里也会有人在肖哥的动态下评论：哥，你这样不累呀？

肖哥每次都会回复：累，但是不想睡。

安逸的生活，谁不想要？可以按时睡觉，不必烦恼明天的报告、后天的策划。有的人不是不能睡，而是不想睡。为了心中所想，只能用一杯又一杯的咖啡提着神。现在很多人都是“熬夜党”“夜猫子”，晚上不想睡的理由有很多：会因为这部剧还没有追完，好奇下一集的剧情，忍不到第二天才看；会因为想和喜欢的人多聊一会儿，舍不得挂电话；会因为生活里鸡毛蒜皮的事情心烦、失眠……但是，真正会因为工作没有做完或者努力想要把工作做得尽善尽美的人却是没几个。

所以，每次看到肖哥那些动态显示的时间和地点，就会不由自主地在脑子里蹦出这些想法：果然每个成功的人都经历了千百次的磨砺。这样的人“活该”他优秀，“活该”他成功。

慢慢地，公司开始进入正轨，肖哥的朋友圈动态也开始变得有些不一样。时间不再是以前凌晨几点的时间，地点也不再是单一的公司办公室，晒出的食物也不再是外卖、咖啡。

时间换成了轻松享受的下午茶时间，地点换成了安逸慢节奏的法国巴黎、欧洲瑞士，外卖换成了美味大餐和有年头的红酒。

朋友A评论：终于肯出来“见光”了？不错，不错。

朋友B评论：肖大老板挺浪漫呀，带嫂子去巴黎Shopping。

朋友C评论：肖哥，你这生活水平直线提高了呀？

肖哥一一回复：刚起，我最近爱上了睡懒觉，一睁眼就这个点儿了；不能总是窝在办公室，要享受享受才行；老子以后再也不吃外卖了。

在很短的时间内，肖哥的生活发生了三百六十度的转变，他的动态不再围绕密密麻麻的工作数据和厚厚的报表，不再天天坐在办公室做码农，常常全世界各地到处飞，像个十足的“旅行家”。

但是这样的日子维持的时间并不长，最近半年都没有看到过他的动态更新，先前大家还以为是公司有了新的项目，需要进行处理呢。后来听老哥说我才知道，原来就在几个月前，有一家合作公司的老总在给肖哥一个合作案的时候，反复要求肖哥亲自操刀，肖哥虽然答应得很爽快，却考虑到项目涉及很多方面，要是自己做起来会需要很多的时间和精力，加上自己也已经订好了去北极的行程，就转手交给了自己的手下去完成。

谁知等到验收的日子，合作公司说希望肖哥进行讲解，并且亲自进行演示。但是在此之前，肖哥才结束北极的行程，下了飞机在家睡了一觉，到了公司就直接接待了合作公司的老总。策划案一眼都没有看，甚至自己以前宝贝到不行的电脑都落在了家里。肖哥在演示过程中，频频出错，合作公司的负责人脸色很是不好，一言不发，场面异常尴尬。

演示结束以后，合作公司不仅没有签署合作方案，而且明确表示之后不会再进行合作。好事不出门，坏事传千里。业内开始纷纷怀疑肖哥公司的运营能力，便都开始相继撤资，短短几个月，公司就一落千丈。

古时候有圣人说过："创业难，守业更难。"想起小时候爸爸给我讲的一个故事：战无不胜的将军在辅佐君王一统天下、加官晋爵之后，在自己的封地享受宁静无争的生活。虽然将军并未老，但是那柄宝刀再也提不起来了，上面早就积满了灰尘。几年后，当遇到叛乱，将军战败，自觉无颜面对身后的城中百姓，愧疚自刎。在寥寥几年里，将军不再每天天还没亮就起来练功，不再每天看兵书，不再对着沙盘排兵布阵，不再亲自喂养自己的战马。安逸的生活已经磨平了将军身上的戾气和骇人的杀伐手段，就算是小小的战役，也无法取胜了。

安逸是好，人人都向往，但是安逸的生活往往会磨掉人的志向，会让人渐渐地忘记了最初的梦想和坚持。

▼

你还要在群租房住多久

因工作关系需到北京出差，这次时间比较充裕，可以跟发小阿正好好叙叙旧。

毕业之后，我们俩各自忙碌地为生活打拼着，没有什么特别需要或为难的事情，一般很少联系。不知现在他过得怎么样，是否已经脱离出租房，在北京打拼出一片天地呢？

电话打过去，告诉他我到北京确切的时间，约定了见面相聚的地点。末了，我特意要求他把住址发来，我想去他的家里看看，我想知道这些年他生活得怎么样。

一开始他支支吾吾，委婉地拒绝我。但我执意要地址，他也就不好再坚持。一会儿工夫，他把地址发到了我手机上。

地址是电子厂的一排职工宿舍，看来阿正应该还是住在群租房。地图上显示，位置都在郊区了，交通的确不是很便利。

六年前，我也是在北京“漂”过一阵的，也见识过北京群租房的样子。任何一个北漂对于北京最初的记忆，我相信都离不开群租房。为什么？因为便宜。要在北京立足很难，第一件事情，就是解决住哪儿，白天漂了那么久了，晚上回哪儿。

来北京的第二天，忙完上午的会议，我根据阿正发来的地址，一连换乘了三趟地铁才到了他住址的附近。地图上没有标示阿正住址的准确位置。

站在路边，环顾周边，全部都是些已经破败不堪的建筑了，很多发旧的石墙上都写着大大的红色“拆”字。这附近会有职工宿舍？我本想打听一下路人，问问该怎么走，可是连个人影也没有。一阵风吹过，地上的蓝色塑料袋被刮得老远。面对这样的景象，别看我是个大老爷们儿，心里也慢慢地开始打鼓了。那个时候也顾不上会不会麻烦阿正了，还是给阿正打了个电话，让他来接我。

阿正让我在原地等着他，二十分钟后，我就看到一个骑着电车的人远远地驶来。

等近了之后，阿正很是不好意思地说：“哥，让您久等了吧？”

我笑着说：“没事，我也是刚下车。本想不麻烦你来接的，但地图导航不显示准确位置，怕找来找去浪费时间。想了一下还是你来接我更靠谱啊。”

我们穿过一条条细长狭窄的胡同，七拐八拐之后，阿正用钥匙打开了一间房门，随手打开了灯，领着我进屋。我知道他是个爱干净的人，屋子里收拾得很好。不过空间真的就像阿正说的，房子很小。我进门之后就觉得哪里有些不对劲，我知道了，没有窗户，所以才会一进屋就开灯。我怎么忘了，对群租房来说，有窗户是一件多么奢侈的事情。在没有光的空间里，想知道现在是白天还是黑夜，就只能依赖钟表。

我看见屋子里有两张床，随口一问："你小子这是'金屋藏娇'呢，两人住？"

阿正说："哥，这可不是金屋，再说哪个姑娘肯跟我啊。这是我之前同事的床，前两天刚走，在北京混不下去了。"

我没有再细问阿正的同事离开的原因，说："阿正，你来北京几年了？"

阿正说："这是第五个年头了吧。"

时间过得可真快。

本来我还想再说些什么，突然，阿正说："哥，你先歇一会儿，等会儿咱们去吃饭，我请你。"

我们点了很多菜，边吃边聊，也喝了不少酒。估计是喝得有点儿醉了，阿正开始话多起来。

我说："你真的很有勇气啊，大学一毕业就来北京闯荡了。"

阿正突然抬起头，眼睛有些湿润，直直地看着我说："其实，我大学根本就没有毕业。"说完这句话，阿正又灌了自己半瓶酒。

我一直没有说话，因为我知道现在的阿正无比迫切地想要倾诉，想要一个单纯的倾听者。

阿正打了个酒嗝，接着说："哥，你们是不是都忘了，我根本就没有拿到毕业证，大三退学之后，我就来北京了。一开始我以为北京什么都有，后来发现我在北京什么都没有，在刚刚那间房子里一住就是四年。我不是没有‘金屋藏娇’过，但是她哭着跟我说她等不起。哥，你来的时候，看见那栋红色别墅楼了吧？我以前路过的时候，总是忍不住停下来多看两眼，打心眼儿里觉得真是好看啊。我开始也想过换个有前途的工作，但是我怕，我怕从这儿到高楼的距离就算是爬我也爬不到；我怕要是我在中途坚持不下去了，最后连群租房都没法收留我；我怕我会像那个跟我一起住了两年的哥们儿一样，夹着尾巴灰溜溜地离开这里，彻底离开北京。我怕，哥，我实在是怕……”

那天阿正喝得很醉，我把他背回家，把他放在床上的时候，他的同事来给他送落在厂子里的东西。通过他的同事我知道他是请假来陪我的，并不是之前他告诉我的连休三天那样。

阿正曾经也有过像高楼大厦一样高的梦想，在现实中，阿正却觉得自己无能为力去向梦想靠近，渐渐地把梦想丢弃了，甚至连奋斗的勇气也抛得一干二净。留下的除了无奈，就是小心翼翼地得过且过。

亲爱的北漂一族，你还要在群租房住多久？仰望半空中的高楼大厦，想想你想要哪一间？

请努力一把吧！愿你早日脱离群租房，拥有属于自己的一方小天地。

▼

“时运不济”不是借口

“请问，您是用微信还是支付宝？”收银员小姐姐惯例地问了一遍，见我前面的男生没有回答，便又高声问了一遍。

“啊？哦，不好意思，不好意思，微信。”前面的男生总算是有了回应，但付完款，他居然没有拿自己买的东西就要往外走。我注意到之后，急忙叫住他，把东西递给他：“先生，你东西忘拿了。”那个男生停下，接过东西，说了声“谢谢”，转身就要走，眼皮连抬都没抬一下。

我一看，这不是市场部的郭雨嘛。昨天，我就听说郭雨提交了离职申请。在公司总会上，颜茴代替市场部进行报告展示发言，台上颜茴向公司的同事展示自己部门的成就和对接下来的畅想规划，那种自信的样子仿佛颜茴整个人都在发光一样。我不经意地瞥见在台下看手机的郭雨，心里不自觉地想：郭雨会离职多多少少也受了颜茴的影响吧。

郭雨和颜茴都是在北京本地上的大学，学校还都挺有名气的。毕业后又同时进入同一家公司实习，培训期同一天结束，同时进入市场部，并且进入了同一组。

说来也巧，我在郭雨办离职手续的时候见过他，跟他聊过几句。在聊到为什么颜茴可以晋升而他得不到晋升的时候，郭雨抽了抽嘴角说："不知道，可能时运不济吧。"

"时运不济"，直白一点儿就是：命不好。坦白讲，在公司待了这么久了，我深谙没有无故加薪和升职的道理。因此，我对升职加薪为什么没有落到郭雨头上这件事产生了很浓烈的兴趣。

晚上下班，去地下车库取车之后，我特意去等了一下云姐（市场部的组长，因为怀孕，在之后的一段日子，会由颜茴暂代职位）。

我把自己的困惑告知云姐之后，云姐笑了，调整了一下座椅，身子向后靠了靠，说："其实，依我看啊，郭雨有些冲动了，本来这回我是想着等颜茴接任我的公告发到群里之后，我就找他谈一次的，结果没想到他提前申请了离职。郭雨虽然在工作中没有犯过什么错误，也一直规规矩矩，不过恰恰是他太过于守规矩了，一点儿心思也不多用于工作，这就让他的工作一点儿新意也没有。你也是知道咱们优秀员工评选和涨薪有哪几项原则的。"

"我是了解，不过，颜茴又有哪些出众的地方呢？"

“颜茴很自信，当然了，一开始的时候郭雨也是很自信的。但是颜茴是个心思很细腻，也很会工作的人。你知道吗？颜茴会把自己做过的所有报表进行备份，无论是修改前的还是修改后的。每次敲定报表后，她都会在最初的报表下面写上很多方面的缺失，比如：哪一项数据是自己忽略的，或者数据报表的走向显示了哪些问题与隐患。而且每一次下发下去的策划案，颜茴都会提前做出很多套方案并且亲自演习，一一分析每一套方案试行起来有可能会遇到的问题，并且计算出最低预算和最大收益。所以交给颜茴去做的策划方案就越来越多，相对地，颜茴的策划经验也提高得特别快。”云姐突然问我，“其实，公司一开始让我提供建议，在郭雨和颜茴中间选择一个人来接替我的工作。我选择颜茴还有一个重要的因素。我那时候问了郭雨和颜茴同一个问题：如果现在你没有加薪，你觉得是因为什么呢？”

颜茴说是因为自己在上次的报告中算错了一个数据。

郭雨说是因为“时运不济”。

“时运不济”，多么轻飘飘的一句话，多么万能的一个理由。

或许郭雨压根儿就没有想过不曾升职加薪的原因何在。同样是新人，都想在自己的工作岗位上大展身手，但是你要知道，规矩做事不是不对，但是规矩办事不是要你原地踏步，等着别人来告诉你下一步该怎么做，你应该有目标、有方法地前进。

上司不会告诉你已经完成的资料最好备份，不会告诉你把报表里的各项数据最好用不同的颜色标记，不会告诉你下午的会议很重要，最好记录在笔记本里……很多时候，你不去主动想，不去主动看，又怎么能获得眼前的机会，又怎么能怪别人没有给你施展的机会，又怎么能怪“命”。

不要一遇到不顺的事情就把自己困在原地。别张口闭口就怪“命”。因为这个“锅”，“命”不替你背。

愿你倾付一生，等那一场梦想花开

▼

梦想谁都有，为什么你的夭折了

某天跟商映学长吃饭，到了地方，刚坐下还没点菜，他上来就说：“老弟，你说世上要是有后悔药该有多好呀！”

我低头看着菜单，没多想，张口就说：“要是有卖的，给我来两箱，多贵都买！”我点完几道平时我俩都比较喜欢吃的菜品，把菜单交给服务员。

我看出他的脸色有些不好，便又接着说：“你这是怎么了？怎么突然问这个问题啊？”学长一开始有些难以启齿，后来慢慢地开始跟我聊起了事情的原委。

学长大学学的是法律，他一直都想考法律的研究生，因为自己实在是太爱法律了。但苦于家庭贫寒，家里并不支持他考研究生，希望他尽快工作赚钱。学长虽然答应家里毕业之后就工作，但还是不愿意放弃学业，打算一边工作一边准备考研。所以学长毕业之后直接进了北京一家律师事务所，当了一名实习的助理律师。入职之后，学长的表现很是出色，很受公司领导的赏识，加上为人谦和，和公司里的同事相处得也很好。

由于学长能力不错，交给学长的工作渐渐多了起来，当然了，工资也不断上涨。当家人看到学长给家里寄来的钱一次比一次多的时候，就常常说，现在的工作是多么好，生活是多么来之不易，还一直嘱咐学长好好工作。

事情就是这样，往往说者无心，听者有意。学长其实从内心是很向往这种生活的，工资待遇不错，自己又很受赏识，没必要辛辛苦苦地备考，而且往坏了说，考研不一定会成功。没准儿自己还会因为准备考研影响现在的工作，这样的话，岂不是得不偿失。就这样，这个还没有开始的“考研梦”没再发酵。

今年，学长的公司副总因为工作调动要去美国的分公司任职，所以副总一职将在公司的内部优秀员工中进行选拔。公司里面的同事私底下都在说，论资排辈估计是学长没错了。但是等到副总的委任书下发的时候，副总的职位是进公司才两年的同事。大家虽然有点儿吃惊，但也觉得是情理之中的事。毕竟一家公司按资排辈的时代早就过去了，现在都是能者居之，谁有本事谁上，再说这位同事的能力确实不次于学长。学长虽然知道结果已经定了，但是还是耐不住心中的好奇，想知道自己输在了哪里。

一个晚上，学长约了总经理喝咖啡，问出自己的疑问。谁知总经理并没有直接说出原因，而是问了学长几句话：“商映啊，我记得你刚来公司的时候不是说要考政法大学的研究生吗？这个梦想什么时候夭折的呢？”

学长一时语噎，不知道出于什么原因，没有再细问，自然也没能回答出总经理的问题。

后来总经理在微信里告诉学长，那位仅来了两年的同事，在一年的时间里考上了研究生。

那天饭后，我问学长：“学长，要是真有后悔药，是不是打死也不会放弃考研这个梦想？”

学长一笑：“不是，是我一定不会在工作以后放弃考研。”

我有点儿蒙：“这有什么区别吗？”

学长一笑，说自己喝醉了，反复说着没区别。之后学长把啤酒瓶剩下的最后一口酒灌进肚里。

很长一段时间后，我开始理解学长所说的那句话了。对于学长来说，其实不管什么时候考研，都不再是他一直执着的事情，因为结果都是一样的，“梦想”已经夭折。就算有后悔药，也买不来自己当初对梦想的热情了。

时间不能倒退，谁都无法跳进时间的长河去找寻自己丢掉的梦想，因为你压根儿不知道梦想是什么时候夭折的，在哪里夭折的。

狗熊掰玉米的故事简单明了。狗熊在经过玉米地的时候，不管遇到什么样的玉米，都觉得是好的，就为眼前小小的利益放弃了之后很大的玉米，最后只能拿到一个不怎么满意的结果。或许等狗熊走出玉米地的时候，已经忘记了自己一开始在玉米地外面设想自己要找的那个玉米的样子了。

说起考研，我想这也是很多人的一个“痛点”。前些天有个学中文的弟弟，就想中途放弃考研，家里人都各执己见，弄得他有些头疼。弟弟就趁着周六日来我这儿串门，也让自己的耳朵清静清静。

我问他：“为什么要考研，是爸爸妈妈让你考的？”

他摇摇头，说：“才不是呢，是我自己的主意，我考研究生是因为我喜欢中文，我想去中国最好的中文系学习。”

我笑着说：“所以想上北大中文系？”

他腼腆一笑，说：“是。”

我又接着说：“你小子，看不出来志气很大嘛，准备多久了？”

他乐呵着说：“有一年多的时间了。”

准备了这么久，应该要好好考的。

第一年，弟弟考研失败了。他有些不甘心，毕竟为了考研他付出了太多。大部分时间都泡在图书馆，从不跟朋友出去娱乐，看着同寝室的室友，每周末与女朋友出双入对，内心也备感落寞。也会遇到试题卡壳的时候，总觉得自己差很远，还有很多需要学。自己打击自己的时候非常多，无数次想要放弃，但最终还是坚持下来了。

虽然考研失败了，但他还想再给自己一次机会。

再次备考研究生的事，他未事先告知家里人，家里人就擅自托亲戚帮弟弟找了一份并不对口但是薪资待遇丰厚的工作。在这个时候，家里人不是很赞同弟弟的选择，说："既然已经失败了一次就没必要尝试第二次，况且考研也没什么用。再说考研不就是为了找到一个好的工作吗？现在就有一份好的工作摆在你面前，何必舍近求远呢？"

我理解弟弟家里人的看法，但并不认同，碍于亲戚身份，我便没有多说。我接着问弟弟："那你妥协了？"

他说："我暂时还没想好呢，所以今天先来你这儿躲躲，冷静一下。对了，哥，你有什么好的建议给我吗？"

我本来想说些什么，但是话到嘴边却不知道怎么开口了。后来，我把学长商映的经历告诉了他。我说："人生很长，也很短。人这一辈子能有一个梦想是一件幸福的事，也是件不容易的事情。所以啊，当哥的只能告诉你，能坚持就坚持，选择自己真正想坚持的，别让来之不易的梦想轻易就这么夭折了，不然以后找都找不回来。"

弟弟听完我的话后，貌似有了一些想法，神情有些畅然，说："哥，谢谢了，这一趟没白来，估计明天回去又要'舌战群儒’了。”

我笑着说：“有信心赢吗？”

他也笑了，说：“哈哈，有信心，但是不敢保证能赢。”

第二天，他走的时候我去车站送他，我向他推荐了一首歌曲，让他在火车上听听，可以打发打发时间。那首歌就是《最初的梦想》。

最初的梦想，紧握在手上；最想要去的地方，怎么能在半路就返航；最初的梦想，绝对会到达；实现了真的渴望，才能够算到过了天堂。

▼

不要不敢想，一颗心足以装下整片星空

半个月前，我非常有幸受邀回母校参加一个公益性的讲座活动。这次活动的内容，简单来说就是让一些已经毕业多年，在社会上小有成就的学长学姐们跟学弟学妹们分享一下自己的成长故事。

在偌大的阶梯教室里，台上经管系的一位学长就财富和管理进行演说，内容浅显易懂，语言风趣幽默，我觉得很有意思，听得津津有味。

忽然，坐在我左手边的一位校友不无羡慕地自言自语道："我也想要像他那样创业，像他那样拥有那么多资产啊！"但是随后不到一分钟的时间，他就又摇摇头说："但是我这辈子肯定是做不到了。"

听完他的话，我觉得有点儿奇怪，可说不出哪里不对劲。在回程的车上，我也一直在想：当人们看到比自己优秀或者有想要拥有的东西摆在眼前的时候，不是应该说："我得更加努力才行，这样我才会变得特别有钱，得到我想要的东西。"后来我就特别留意这个想法，发现身边不少人都有着这类相同的思维。

跟同事聚餐的时候，同事小柯跟我抱怨部门同事升职一事："他刚来还没两年呢，就一路升得那么快，肯定是走后门了。我没有后台自然不能像他那样升得那么快了。"

在面试的时候，面试官问一个刚刚毕业的大学生有没有投资风险方面的经验，那个大学生回答说："不好意思，那个是理科生会的，我是文科生，怎么会有经验呢？"

亲戚家的孩子今年要高考了，让我帮忙辅导一下功课。就要高考的小侄女面对一直上不去的成绩，跟我说："叔叔，我又不是学霸，学霸智商都超过一百三十了，我就是一个普通人，怎么有资格跟学霸一较高下呢？"

很显然，很多人在遇到一个既定的目标或者梦想的时候，往往会从一开始就产生根本做不到的想法，觉得想多了也是浪费精力，更不会有通过慢慢努力去争取的想法。哲学上说："主观行为决定客观事实。"要是连想都不敢想，又怎么会有客观的事实呢？

同事小柯自认为同事因有后台而升职，所以直接不再多想用自己的努力和实力来获得升职的机会，就这样轻易放弃了努力后的可能性。大学生因为内心有明显的文理学科分化，觉得投资风险不是文科生需要了解的，所以从内心深处就觉得没有学习的必要，最后的结果肯定这辈子也只会心安理得地做一个"文科生”。小侄女可以轻松地承认自己的智商没有学霸高，自然就觉得成绩不如别人好是应当的，而从来不会去想，一直考试不及格的自己或许通过认真复习、努力备考，也可以成为智商一百三十的学霸。

人们之所以总是用各种各样的理由来安慰自己在某一领域的失败，其实不过就是害怕最终的结果不是自己所想的，他们怕的是现实和理想中间的落差，怕自己根本无法面对。所以从一开始就不想迈出第一步，不断地催眠自己“不开始就不会失败”，但是他们忘了另外一件事情：如果不开始，就永远也不会成功。

你知道吗，只要你敢想敢做，世界都会为你让路的。只有你敢去做，你的人生才会有所突破，才会遇到不一样的色彩。

顾千，我大学时的学弟，本来在学校并无交集的我们，在一次偶然的公司联谊年会上认识了。他在我眼里是一个特别有朝气的年轻人，常常会有很多新奇的小想法，顾千把那些想法都称为梦想，因此我给他的标签是——梦想家。

我特别喜欢跟他聊天，虽然顾千后来因为工作关系去南方的分公司任职，但是我们依然保持着联系。他很喜欢分享自己的事情和心情，所以他更新朋友圈动态的频率特别快，几乎每天都会发几条。

有一次，我看见顾千发了一条动态，说自己想去北极。我心里想，这小子又开始做梦了。但是后来我被他接下来的几条动态惊到了，他真的去了北极。我忍不住好奇，跟他私信。

我说：“你真的去北极了？够有魄力的啊，我以为你小子就那么一说呢。”

顾千说：“嘿嘿，我话都说出去了，跟泼出去的水似的。要是实现不了的话，你说哥们儿脸往哪儿摆啊。”

我说：“好家伙，你这脸现在可大了呢，顾千，真厉害，不仅敢做梦，还敢造梦。”

我开始向顾千“讨教”从做梦到造梦的过程。我问他：“顾千，你哪儿来那么多时间去干那么多事情啊，毕竟你每天在外企工作，那么忙。”

顾千说：“我也不是一开始就这样的，之前行动力差得不行，不能说干什么就去干什么。你知道的，以前我总是做梦，有很多梦想想要实现。但是想一想自己经常出差，每天还要上班，总觉得自己没有时间，所以很多梦想就搁置了。但是偶然有一天我出差去澳门，我看到澳门塔上有类似蹦极的项目。我想起自己之前的梦想清单里有这些，我就一直看着澳门塔出神。那个时候，一个已经跳完的哥们儿走过来跟我说，去吧，上去，跳下来，特别简单。”

顾千说自己当时愣了一下，差点儿以为自己是幻听。后来顾千就真的上去了，考虑到三十分钟后还有一个会议，顾千没有多少犹豫的时间，上去之后，听完工作人员的说明，没有做多少心理建设，往前走了两步就跳下来了。顾千到现在都说，特别感谢那次的澳门塔之行，因为那算是他所有梦想清单的开始。顾千不再只是一个“梦想家”，更是一个“实践者”。

那天结束聊天的时候，我开玩笑地说：“顾千，你小子心可够大的，北极都去了，下次是不是要去外太空，跟外星人打招呼呢？”

顾千回复我说：“好主意，可以考虑。我觉得只要敢想敢做，心里才装得下整片星空。”

很喜欢周星驰电影里的一句台词：“人要是没有梦想，那和咸鱼还有什么区别。”梦想从来就不是可望而不可即的东西，是你自己的潜意识把梦想束之高阁。既然是做梦，为何不往大了做呢？如果做梦都要缩手缩脚的，那么对于现实中的我们而言，还有什么魅力可言呢。

梦想的实现其实不在于你有多优秀，而在于你有多少热情，又愿意付出多少努力。朋友们，请你带着梦想上路，坚定地走每一步，用足够的热情去面对今后的每一个梦想。

▼

愿你全力以赴，不负始终

朋友左萱是一个努力到让周围人都羡慕的奋进者。记得大三的时候，学校有一个英语演讲的比赛，得到第一名就可以去美国做一年的交换生。左萱因为学的是建筑，一直以来就想去外国留学，丰富自己的学识，无奈家境不好，无力承担巨额的留学费用，只得搁置。现在有这样一个机会，她自然不会错过，所以报名当天就提交了自己的报名表。虽然报名条件不限制专业，但是想在高手云集的外语系学生里面脱颖而出，建筑系的左萱无疑是“虎口夺食”，难度系数很大。

左萱是一个认定了就不撒手的主，接下来的时间，按照她的说法便是“化腐朽为神奇”的过程。她深知自己的英语成绩虽然不错，但是平时接触不多，真的到了使用的时候自然比不上外语系学生灵活。所以那个时候要不是图书馆有严格的闭馆时间，左萱恨不得一天二十四小时都泡在图书馆里。每次吃晚饭的时候，在食堂总是见不到她的身影，这个时候她会选择躲在宿舍、自习室，一遍遍地练习演讲。毫不夸张地说，只要你在路上看到她戴着耳机，那么里面放的肯定是英语听力。

比赛那天，左萱发挥不错，但是只能说，山外有山，人外有人，她得了第三名。虽然遗憾，但也努力争取了。但那次的比赛，仿佛给了她一个很大的鼓励，之前的英语学习习惯也一直在坚持，还常常去学校的英语角练习。不知道是不是因为没有竞争性，学习更加轻松，左萱的英语进步神速，可以和外教熟练对话，套用同学们的玩笑话，连看外文电影都不需要字幕了。

大四临近毕业，在校园招聘会上，有一家日本企业对于左萱的专业能力很认可，并明确表示，希望左萱毕业之后可以直接去公司总部面试入职，任期是三年，薪资待遇十分可观。条件很吸引人，可想到要在日本工作和生活三年，对日语一无所知的她就有些犹豫。朋友安慰她：日语也没关系，英语加上肢体语言，交流不成问题。左萱并不这样想，她觉得入乡随俗很重要，要想在一家公司待得长久，不懂当地的文字和语言肯定行不通。为了拿到这份可观的工作，她从零开始，一点点学日语，报辅导班，业余时间全在学日语，并有意培养自己看日本漫画的习惯。语言需要环境，没有环境就去制造环境。左萱常常去听学校日语专业的课程，还专门要了日语外教的联系方式，时不时就会跟外教老师探讨一些日本的风土人情。

毕业之时，左萱已经可以流利地说一口很好的日语了。之后她去了日本工作。若不是在公司年终旅行，护照上清晰地标注了国籍，和她共事很长时间的同事们都不知道她竟然是中国人。

左萱的故事还没有结束。在日本三年的任用期结束后，她又因英语优势和出色的工作能力，被调去美国工作。当她的双脚踏上旧金山土地的那一刻，她忍不住在自己的朋友圈里发出一条动态：你好，兜兜转转，我终于还是来了。时间虽晚，好在没有迟到。

是啊，任何全力以赴的瞬间，时光都会记住，都不会辜负。有人说过，世界上最可怕的事情不是衰老，而是你还未老，不顾一切、全力以赴的勇气已经老了。之所以说年轻人是希望，是因为他们有可以支撑起梦想的健壮身躯。在你还没有拼尽全力之前，先不要认输，这样即便最后的结果与预期不同，你也会得到上天另一种形式的馈赠。

人生的时间真的很长，如果你不努力，你或许都不知道自己有多优秀。

年轻人，你有那么好的年纪，未来有无限的可能，不要碌碌无为、遗憾终生。请相信，梦想能到达的地方，只要你肯努力，总有一天脚步也可以到达。

幸福会在抱怨中溜走

成人世界最普遍的现象是什么？是遍地可见的抱怨和不幸感。

从不抱怨的人很少，只不过表现形式因人而异。

爱抱怨的人常常觉得自己是个“倒霉”的人，从不相信有什么幸运会降临到自己身上。

在面临同样的事情时，这类人通常会认为，别人都比自己幸运，总是比自己多一些上天的宠爱。

似乎，天空下的每一场雨都是针对自己的。而别人在下雨的时候都恰好带着伞，可以在雨中漫步。

发生在我朋友身上的一个小故事，颇具代表性。

我朋友在一家公司上班。同一个部门里，有一个同事和她年龄相仿，与她岗位分工类似。有段时间，她的上司总是额外给她分配工作。她每天都处在紧张的加班中，而那位同事却能准时下班。

那时，她几乎逮住机会就跟我抱怨，说自己实在倒霉，被领导盯上了，总是把出力不讨好的工作扔给她做。她每天累得在公交车上站着都能睡着。

她特意自拍了一张照片发给我，两个黑眼圈确实很明显。

她靠着抱怨，撑过了那段辛苦的日子。后来，她的领导不再额外给她派发任务，而是把工作分配给了那位同事。

她仍然会跟我抱怨，说她最近不受领导重视，有什么工作都不愿意派发给她。而那位同事却颇受器重，总是能够参与一些重要项目。

她那段时间因为这些鸡零狗碎的事情，又憔悴了不少。

终于有一天，她极其困惑地跟我说，那位同事居然在朋友圈里发信息抱怨，说自己累成一摊泥，净干些出力不讨好的活儿。

这状态跟她前段时间加班的心情一模一样。她很纳闷儿地问我，为什么同样的事情，我们总会觉得对方是幸运的，而自己却是那个倒霉的人。

这种心态并不少见，恰恰代表了大多数人的思维模式。在这种思维里，我们最擅长“换位思考”。

同样的事情，放在自己身上，总是被动和不幸的，而一旦放在别人身上，在我们眼里则又变成幸运和机遇。

不幸感已经成为成人世界最常见、最真实的存在感。

很多人都喜欢“越努力越幸运”这句话。

但是，实际上，在一件事情开始之初，很少有人抱着极大的幸运感前行。

甚至，在事情已经开花结果时，很多人的内心依然缺乏幸运感。似乎，承认幸运是一件很丢脸的事情，是对自己辛勤努力的一种否定。

曾因为一部电影，某女艺人备受瞩目。在大家眼里，她一夜成名，一炮走红。

有记者采访她："十八岁就当选为星女郎，如此幸运，让人羡慕不已，你对此有什么想法?"

她回答说："别人越羡慕，我付出的就越多，你有多羡慕我，我就付出了多少。"

她刻意回避幸运，只是着重强调自己的努力和付出。

很多人为她这样的回答拍手叫好。为她鼓掌的人认为，她的回答有深度、有力度。但是，这恰恰是不够成熟的回答。

成熟而理性的人，都懂得成功是必然和偶然的绝妙结合。很多人同样付出了很多，却并未引来同等的喝彩。

付出才能有所收获，付出是成功的必要条件。但是，成功的出现却是一种偶然的结果。这个偶然性其实就是我们不应该回避的幸运因素。

人生很多时候就像一场考试。

在同等智力条件和同等的付出下，大家的考试排名却会出现不同的结果。

也就是说，你能决定你的付出在考试中大体取得怎样的分数，但是你决定不了自己的排名。考试成绩的好坏有一定的必然性，但是排名的好坏却有一定的偶然性。

这乍一听起来，似乎有几分消极和宿命论的意味，但却恰恰是最积极的人生态度。

在人生中，对自己能把控的过程拼尽全力，对不能把控的结果随遇而安，这是一种诚实而成熟的人生态度。

唯有如此，无论面对什么样的结果，内心都能生出欢喜。

刚刚结束的奥运会中，红了一名运动小将傅园慧。

她的迅速走红，在很多人看来，是因为她没有套路。

她的回答没有套路可循，就像没有鼓点的音乐，让人踩不准节奏。只有让人觉得意外的东西，才会给人惊喜，进而让人心生喜欢。

其实，她的每个回答看似单纯无邪，实际上却足够真实且成熟。已经使出洪荒之力，这是她对自己付出的肯定。

拿到铜牌，她表示已经很满意了，对明天没有更多期待，这是她深深的幸运感的体现。

一个人永远只能知道自己有多努力，付出了多少。但是，你永远不可能知道对手有多高的天赋，又有多少付出。

所以，与自己比，你的成绩有迹可循；与别人比，你的幸运也同样值得肯定和赞美。回避幸运，才是不成熟的表现。

很多人有着天然的不幸感，这是因为他们误会了幸运，也不了解幸运感存在的意义。

他们误以为幸运就是毫无付出却遇到了天上掉馅饼的事，承认幸运，就像承认凭空捡了个大便宜一样。

更重要的是，他们低估了不幸感对自己人生的消极影响。这种不幸感使一个人在出发时的勇敢、做事的效率和结果上大打折扣。

从心理学的角度来讲，长久的不幸感，会使一个人产生习得性无助。——接连不断地受折，便会感到自己对一切都无能为力，丧失信心。

不幸感会让人在行动开始之前，早早地自我否定，产生习得性无助心理。

这种反应会使自身对行动生出抗拒。这就相当于在行动之前质问自己："世界上努力的人那么多，凭什么是我？"

这样自问的结果，内心会有一个声音很快回应自己："算了，我肯定成功不了，还不如不付出过得悠闲自在。"

因此，这会让很多人逃避付出，一旦被迫付出，他们就会生出诸多抱怨和排斥。

在出租车司机身上存在一种现象，值得每个人深思。

在上下班高峰期，你若打的去城市的繁华地带，往往会遭到拒载。每个拒载的司机都有一套一模一样的理由。

那个地段太堵，自己肯定会被堵在路上动弹不得，绝对不划算。

有一次，我外出打的，接连被拒。好不容易遇到一个不拒载的师傅，我对他心生感激，并承诺若是堵车严重，我会给他一定的补偿。

他笑着拒绝了，反而说自己很少因为堵车而有所损失。

收入不理想的往往都是那些爱拒载的师傅。他们一天中大部分时间都浪费在挑肥拣瘦上，却反而经常被堵在路上，或者空车而回。

而这个师傅从不拒载，一整天都在一个又一个的奔赴中。综合核算下来，他每天都收入不错。

果然，在我准备下车时，已有乘客在路边等候上车了。后来，我再打的时，特意留意了一下，不拒载的师傅确实很少有空白期，生意一个接一个。

这在一定程度上验证了“墨菲定律”：你如果担心某种情况发生，那么它就更有可能发生。

当然，这并不是说有幸运感的的士司机不会遭遇堵车，而是他们不会无限夸大堵车给自己带来的不良后果。

没有强烈的不幸感，他们的行动就不会堵在“心理的路上”，也不会凭空上演一出又一出不幸的戏码。所以，他们的行动往往更加积极主动。

因此，幸运感的存在对一个人的行动有着极其重要的牵引作用。它能够让你在对的时间生出正确的自我暗示。

在行动开始前，你能够告诉自己：“世界那么大，为什么不能是我？”

这样，你的行动就会变得冲劲十足。若结果并不如愿，你又能够坦然告诉自己：“世界那么大，为什么非得是我？”

这犹如狄更斯在《双城记》中所说：“这是最好的时代，这是最坏的时代。”充满不幸感的人，永远在抱怨这是别人最好的时代，是自己最坏的时代。

而充满幸运感的人，永远能在最坏的时代里找到属于自己的最好的机会。即使结果不尽如人意，他们也会坚信，那些走过的路一步都不会白费。

未来有一天，它们终会变成另外一个成功的必然积累，成就更好的自己。

▼

三分钟热度，哪里配谈梦想

一个下雪的深夜，我刚刚完成了我的一本随笔集，打算泡一杯红茶，喝下入睡。不料被手机“叮零”的响声打断了，是我前工作室的合伙人老林。

接通之后，我听见冷冽的风声，隔着手机我都能感觉到刺骨的寒冷：“喂，喂，老林，你现在在哪儿呢？”

“睡了吗？能陪哥们儿聊聊吗？哥们儿现在心里不好受。”

我听见老林在电话里打了个酒嗝。跟老林认识的这些年，我是知道老林的，要么不喝酒，一喝酒准喝多。跟他要了地址，忙赶过去。

第二天下午，老林睡醒了，问自己怎么会在我家。我递给他一杯蜂蜜水，故作嫌弃地说：“除了你兄弟我，谁还会跑那么远把你给捡回来啊。”

老林有些尴尬。我说：“大半夜的不回家，在外面喝成那样，还拎着行李箱，你是要出差还是刚出差回来啊？”

老林现在感觉头疼欲裂，在听完我的话后，头更痛了，不由得敲了敲头，声音略带沧桑地说：“不是什么出差，是……”老林低下头，我知道肯定是有什么难以启齿的事情，也没再继续追问，等着他自己整理好语言，整理好心情告诉我原委。

过了许久，老林抬头看着我说：“其实，是你嫂子要跟我离婚。我这在家待着实在是心里憋屈，就收拾了点儿东西，打算找个酒店待几天，清静清静，也好好想想之后该怎么办。”

老林要离婚的事情，我并不是特别意外。之前，老林跟我喝酒的时候说过，他妻子对他事业的不成功颇有微词，自从他决定自己起家做生意的时候，两个人就经常吵架。之前我还以为只是闹别扭，但是现在矛盾已经激化到不解决不行的地步。

说心里话，我虽是老林的兄弟，但还是理解老林的妻子的。老林自从三年前从公司离职之后，就开始打算自立门户，想要自己做老板，完成自己的梦想。事实上，在老林创业开始时就想要拉我入伙，我一开始有些拒绝，但我知道老林的性格，总是三天打鱼，两天晒网的，没个定性。老林最初想开广告公司，公司开业三个月以来，一直没有招到合适的广告策划。老林开始对我进行各种友情轰炸，三十六计天天在我们之间上演。我还是拒绝了他，不过我答应他会以股东的形式入股。但是在公司运营一年的时间里，由于老林没有管理好，导致公司的业绩一直不是很好，成交的客户无一不是用感情牌拉来的，而且还都是小单，没有多少收益。很显然，公司遇到了困难。一开始，老林和公司的中层领导经常开会，商量要怎么渡过这个难关。但是慢慢地，老林在公司会议的时候常常心不在焉，有的时候甚至找各种借口根本不出席会议。起初大家都以为老林是压力大，或者在别的地方想办法解决困难。事实证明不是这样的。

老林在一次周末，突然跟我聊起饭店经营和酒店管理的话题，还说自己最近看了很多有关这方面的书籍。我有些吃惊，说咱们公司是广告公司，看酒店管理的书又有什么用处呢？

结果老林告诉我，他觉得广告公司没有多少前途，收益不仅慢而且收效甚微，所以决定关掉广告公司。因为在网上偶然看到很多旅游景点都设有很多有特色的民宿，吸引了大量的民众去民宿入住。老林觉得民宿是一个很不错的选择，不需要大量投入就可以快速地得到收益。老林兴致勃勃地跟我描绘着他的民宿创业蓝图，还是一样的套路，想让我跟他一起干，一起完成梦想。这次我非常委婉地拒绝了，因为我觉得自己有些接受不了老林这想一出是一出的创业模式。

老林脱离了广告公司，自己开起了民宿。虽然民宿大受旅客的欢迎，但是老林的民宿却没有迎来它的春天。

老林的民宿仅仅依靠网络媒体信息来扩散，另外，地理位置也不是很优越，加之老林的民宿在装修时间上很是仓促，并没有什么深入创新，都是网上什么样的民宿受欢迎，就装成什么样子的，这就导致很多住宿的客人对民宿的评价并不高。在旅客的眼中，老林的民宿就是一个没有灵魂的场所。没有口口相传的口碑，也没有自己的特色，因此在不到九个月的时间里，老林的民宿就挂上了“停止营业，转让出租”的牌子。

再后来，老林向几个好友借了些钱，想要再次创业，看上去大有孤注一掷的势头。经过两次创业的失败，我劝老林，要是真的想创业，下一次可以慎重地考虑一下，不要每次开公司都三分钟热度。创业是没有捷径的，没那么简单，肯定会伴随很多困难，遇到困难就要坚持，不要一遇到困难就只想着脱身，只想着关门大吉。

老林从一个朋友那儿接手了一家服装店，想要开属于自己的潮牌店。但是由于定位不准、风格不鲜明，并不受消费群的欢迎，即便低价出售还是收益甚微。不到半年的时间就又关门了。

经过这三次创业，老林负了很多债，身心俱疲，现在更是家庭生活一团糟。我记得那天下午，他问过我一个问题，他说：“兄弟，你说咱们当初要是坚持干广告公司，到了今天这个时候，咱们公司估计都快上市了吧？”

上没上市我不知道，也不敢保证。但是我知道一点，不管是后来的民宿还是潮牌店，还是一开始的广告公司，或许都不能称之为是老林的梦想。三分钟热度的坚持，在真正的梦想面前毫无意义。

▼

愿你在逐梦的路上从未退却

很多人对90后有偏见，认为他们生下来就掉进了福堆里，父母又是百般呵护，在80后的眼里，90后的孩子除了有点儿个性之外，是一点儿苦也吃不了的。

之前，我同很多人一样，对90后的孩子也是这种认识和看法。直到我认识了96年的静芝，让我完全改变了对90后的看法。原来，他们是一群有梦想、有抱负、能努力拼搏的新时代青年。

静芝是中文系大三的学生，原本是想着依照父母的计划走，为中国的教育事业献身的。但在毕业前，静芝不顾家长的反对选择做一名电台主持。我问过她原因，她特别严肃认真地告诉我，因为一本书——《从你的全世界路过》。她觉得每天从不同的人口中听到不同的世界特别有意思，可以帮别人开导心事会特别有成就感。

静芝知道想要说服固执的父母肯定是没有希望的，只有全身心地投入到工作上，拿出成绩给他们看，他们才会真正地认可自己的梦想。

距离毕业还有一年，静芝决定充分利用这段时间为自己的梦想加力。

在好友的帮助下，静芝拿到了学校新闻广播专业的课表，只要和自己的专业课表没有冲突的课，她都会定时去听。每周，她都通过做一些为影视动画配音的兼职工作，不断地锻炼和纠正自己的发音。虽然短短几分钟的音频，静芝在背后却偷偷地录了不知道多少次，花了不知道多少时间和精力。静芝每天早上都会比同寝室的舍友早起两个小时，去操场上跑步，一边跑，一边念着新一期准备录音的台词。等晚上宿舍熄灯之后，静芝总会对着电脑，看剧本、读文章、顺台词，为下一次录音做准备工作。每到假期，寝室的人都出去玩的时候，她就会独自留下反复检查自己的音频，剪辑补录。虽然很辛苦，但是静芝却很满足。

静芝知道自己只是躲起来练习无法得到实质性的进步，所以她想要加入校园电台。即便学校电台主要是为大一和大二的学生开放的，但静芝并未放弃，每天下课之后都会去电台室。静芝相信近朱者赤，耳濡目染之下肯定可以得到进步。她一直很积极地参加电台活动，而且会在每次晚间电台直播的时候提前进入电台室。

有人说，当你在逐梦的路上奋勇向前的时候，背后会有光芒，全世界都会为你让路。时间长了，电台的学弟学妹们都跟静芝熟稔了，他们常常会一起探讨电台播放和采访的一些事宜。有一次，一位学妹突发胃病，静芝被临时拉去救场。她临危不乱，侃侃而谈，表现得落落大方。

毕业以后，静芝被市里的电视台录用，在夜间电台节目做了一位电台主持。因为在学校积蓄的能量，静芝很快就适应了工作，表现很是抢眼。加之静芝的电台内容不拘泥于稿件，话题很是新鲜，受到很多听众的欢迎，慢慢地，电台开始小有名气，而静芝也有了很多忠实的粉丝。静芝还邀请自己的父母收听自己的电台节目，父母了解了女儿的梦想不是说说而已，对她理解又支持。有了父母的支持，静芝的事业更加风生水起。

在梦想的路上，从不缺乏不退却的筑梦人。

昨天，许久未见的好友陆先生给我发微信，询问近况。

“把你现在的详细地址发我吧，我有东西要寄给你。”陆先生有些神秘。我问是什么？他说是两本画册。

我一惊：“你出书了吗？”

陆先生有些不好意思地说：“没有，没有，是我自己托出版社的朋友印刷了几十本收藏的。”

陆先生在高中的时候就很喜欢画画，了解他的朋友都知道。还有一个事实大家也都知道，他的画技一般，很一般。

几天后我收到了他的快递，拆开快递，整个画册采用乳白色的油纸包装，封面很素雅。那种新书特有的墨香像是化不开似的，浓浓的，很好闻。翻开画册，我看着里面几十幅画，心想：多少年了，这小子的画功都没进步，还是那么烂。

陆先生给我发微信："收到了吗？"

"收到了。"

我开始有点儿害怕陆先生下一步会问我觉得怎么样了，因为我实在不知道该怎么回答他。我清楚地知道他在大学的时候时不时地就会去蹭美术系的课程；也知道他为了买颜料、买画稿，连吃饭的钱都没有；他曾为了看喜欢的画家的画展，坐了二十多个小时的火车硬座，去了离学校两千多公里的地方。他每次谈起画画时，都神采奕奕的。

"那个，画册质量不高。的确，画了这么多年了，我也没什么进步。你就将就着看吧。"很奇怪，我居然隐约听出了这句话里的轻松意味，没有刻意的客套，只是轻描淡写地陈述。

我知道他在自嘲，不过凭我对他的了解，他从未放弃画画这件事情，以后也不会放下。陆先生虽然现在并未从事和画画相关的工作，但是曾经的梦想并未放下，在逐梦路上从未退却。我不否认，世界上存在一些即便你奋斗终生、拼尽全力也不能实现的事情，存在怎么也到达不了的地方。

梦想其实有的时候就是需要"但行好事，莫问前程"的初心，只要肯开始，一切的坚持都会有意义。

十几岁的时候，你对自己说："等我二十多岁的时候，我要有属于自己的事业，开一间属于自己的画室。"为了实现这个诺言，你也曾坚持去画室打卡，可兴致勃勃地学了几堂课之后，就有点儿厌了，提不起兴趣了："算了，算了，有点儿累了，不差这一次，我还年轻呢，以后再去吧。"好久不见的闺蜜约你逛街时，你会说：“哎呀，以后又不是见不着了，我还是在家陪陪男朋友吧。”于是，你在家陪打游戏的男友一整天，即便你对游戏世界一点儿都提不起兴趣。好不容易一个国庆长假，原本计划去长城，你又说：“国庆大家都放假，现在去的话，肯定是人挤人。反正长城就在那里，以后我再去也不迟。”于是，在七天的假期里，每次你都用不同的理由说服自己赖在家里，哪里都没去。

有的时候，人就是这样，退步一旦开了头，就容易一步退，步步退。但愿你不要开这个头，因为每一次与梦想的邂逅都十分不易，一定要加倍珍惜。

请义无反顾地踏上征程吧，也许梦想之路常遇荆棘、常伴挫折，但愿你在逐梦的路上永不退缩。请相信梦想就是来自宙斯的礼物，只要坚持下去，即便很平凡的小举动，也会变得神圣起来。

别总躲在舒适区，碌碌无为

昨晚跟一个长我十岁的学姐聊天，说到我的近况，感觉到前途漫漫，不知如何走下去。工作不是那么顺畅，最主要的是，这种生活并非是我想要的，日复一日，波澜不惊，并没有绚烂的景色，亦没有未知的惊喜，就连最基本的生活保障都显得有些苍白。

学姐笑笑，视频里，她眉眼间都是温柔。虽然是三十好几的人了，看起来依旧明媚阳光，就跟我一个年龄段一般。我们关系十分要好，我开玩笑说，这辈子就缺了一个姐姐，她就说，那我来做你姐吧。然后两个人笑得灿烂张扬。

学姐说，说到底啊，还是你们这帮小年轻玻璃心，经不住事儿。你们那么年轻，还有大把的时间去打拼，用不着天天怨天尤人，抱怨人世不公。其实谁都一样，做多做少，在未来真的有那么一杆秤来给我们做一个评判。只是时间未到，你还看不到而已。

学姐十七岁高二的时候辍学，因为那年父亲出车祸身亡，肇事司机逃逸，家中还欠着十万巨款。母亲整日以泪洗面，整个人瞬间就衰老了。虽然十万对于现在来说并非多大的数字，但是在二十年前，对一般家庭来说却是个天文数字。

没有办法，学姐唯有退学打工去偿还家里欠下的巨款。但是无论那时候的她有多努力，对于这个家庭来说，都是九牛一毛。三年后，母亲郁郁而终。为了母亲的后事，她几乎花光了身上所有的积蓄，甚至出门打工的车费都是向姑姑借的。

整整七年，她都没有回过一趟家，因为要省下那些车费用以度过那些艰难的日子。七年里，她在餐厅洗过盘子，每到冬天的时候，双手长满冻疮，但是为了生存，还是得咬牙坚持着；后面去了东莞，在玩具厂打工，拿着六百块一个月的工资，下班还要去做好几份兼职；她一天往往打几份工，直到精疲力竭倒头就睡，每天只睡五六个小时就起。偶尔晚上有空的时候就出去摆摊，那时候没有城管，但是有很多黑势力，有好几次因为学姐不肯交保护费，摊位被掀掉，自己被打得头破血流。

四处奔波那么多年，省吃俭用舍不得乱花一分钱，到 2006 年的时候，学姐终于还清了父母之前欠下的债务，并有了几千块钱的积蓄。那年冬天，她自出家门第一次回到久违的家乡，抱着年迈的奶奶痛哭了一场。

她想，这么多年了，为了家里的债务而把最为美好的光阴放在了那些原本自己最不喜欢做的事情上。而现在终于可以摆脱这样的生活了，未来的日子终于可以为自己、为自己的梦想活了。

过完年后，她揣着三千块钱只身去了上海。找了一家服装设计公司从最基层做起，并找了一家夜校专门学服装设计。因为那才是她真正的梦想。为了生活，为了家里留给她的责任，她已经把它搁置太多年了。

虽然没有了债务的压力，但学姐依旧过得十分窘迫，每个月依旧拿着一千上下的工资。住在离公司一个半小时车程的郊区小平房里，每天要走二十分钟的路才能挤上公交，然后转一趟车才能到公司。晚上上完课到家一般都是十一点多了，偶尔还要看看书，找些设计作品研究一番，自己也零零散散地写些文字，我也是后面因为写文章才认识她的。

她说，不管日子多难，她始终没为生活流过一滴眼泪。因为眼泪并不能解决什么，只是自己软弱的象征。

三年后，学姐升职，成了整个公司升得最快的那一个，当上了设计总监特助，年薪十五万。2011 年，学姐三十一岁，刚好总监跳槽去了大公司，学姐顺理成章地当上了设计总监，年薪六十万。2013 年，学姐辞职，开始和别人合伙创办自己的服装品牌，成为新公司的执行总裁。也是这一年，学姐出了人生中的第一本书。2014 年，学姐公司下半年销售额突破两千万。

学姐说，这么多年里，她十分感谢还债的那段艰苦的日子，那段受尽白眼、受尽欺凌的日子。因为艰难才有了改变的动力，因为贫困才有了奋斗的目标。她说，我写东西的时候很多人都说我世俗、说我势利，眼里看到的只有钱。我是爱钱，但是我不势利，我只是觉得，在人的这一生当中，钱这个东西，拿到手上，只要是干净的，它就不低俗，至少它是你努力的见证，它反而在某方面见证着你人生另一面的成功。

她说，其实你们都是因为生活太好过了，才觉得碰上一点儿小挫折就仿佛遇到了洪荒野兽。现在的小孩儿不管是农村还是城市，从小都是从掌心里捧出来的。总是选择更为舒适的姿态去过好这段原本应该拼搏的日子，稍微遇到一点儿不顺心的事就悲天悯人，往往还看不惯社会上的种种现象，自命不凡。其实说到底，就只是心比天高、命比纸薄。

她说，当你们大学生自以为七点钟起了个大早的时候，那个年纪的我已经在街上卖了一个小时的早餐了；当你们毕业后坐在办公室里吹着空调、逛着淘宝还嫌日子无聊的时候，我却在工厂里汗流浃背地做着流水线工作；当你们觉得父母这么小气才给你们打这么点儿钱的时候，我已经每个月还要给别人打几千块钱还账了；当你们花前月下你侬我侬的时候，我在摆着地摊跟人讨价还价……

所以青春本来就是一个人最好的时段，也是这个时段才把人与人的距离拉得好远。你安逸舒服了，从此之后如果没中彩票的话就可能不温不火甚至贫困潦倒地过一世了；你奋力挣扎、努力拼搏了，也许还是达不到煊赫的地位，但至少风风火火、热热烈烈地过了一个青春时段，万一就成功了呢？

所以，要抛开那些没必要的纠缠跟迷茫。青春本身就充满朝气，本身就是最适合去拼一把的年纪。时间一眨眼就过去了，没有多少时间可以等着你克服自己的玻璃心。人家能做到的，为什么放在你这里就变得格外艰难了呢？二十几岁还不算老，别把自己的青春葬送在自己满嘴的借口中和安逸的环境中。就算再努力十年，你也只有三十几岁，而这十年，你兢兢业业，每天进步一小点儿，也足够你的人生有一场质的飞跃。

别让舒适安逸成为你青春的坟墓。

▼

梦，走着走着就近了

梦，一个令人憧憬的字，它是我们熟睡时做的梦，也是我们清醒时追求的梦。不论是哪一个，它都是我们内心深处的希冀。在不经意间，有的梦走着走着就散了，而有的梦走着走着就近了。

小曲是我之前在报社工作的同事。虽然他比我进报社的时间晚，但在报社工作的时间却比我长。跟他比，我总觉得自己像个逃兵一样。

一开始我们俩都是奔着做记者去的，先后进入了报社。但刚进报社的时候，报社成熟的记者已经有很多，显然，我们必须先在冷板凳上做一段时间的“后备队员”，每天干的都是些整理、查资料的琐碎工作。

在一次会议结束之后，我对会议上主编说的“新人要找准自己的位置”很介意，便耐不住性子，就在 QQ 上和小曲聊了起来。

“你说主编是什么意思啊，让我们找准位置，不就是让我们在冷板凳上继续老老实实地待着吗?”我脑袋里开始不停地设想。

“我不这么想，我觉得你有点儿悲观了，或许主编只不过是想激励一下我们，想让我们尽快融入团队呢。咱们刚来，业务不熟练，肯定有好多不足之处，的确得加快学习的脚步，不然跟不上大家的步伐啊。”小曲倒是很乐观。

后面有半年的时间，我们俩依旧坐“冷板凳”，做一些细碎的工作。之后的一段时间，我心情特别低落，辞职走人的想法时不时就会冒出来，尤其是当我看到前辈们在摄像机前，手握话筒进行报道时，辞职的想法就更加强烈。为什么看上去梦想很近很近，但又离我那么遥远呢?

终于，我把辞职信发到了主任的邮箱。

小曲知道我离职的消息后，第一时间联系我，询问突然离职的原因。我告诉他，其实并不突然，一直以来，自己都有这样的想法。

离开报社之后，我再找工作就不往记者方向找了，因为实在是不想再坐一回“冷板凳”了。我跟小曲因为工作没有了交集，联系也不像以前那样频繁了。

有一回，我开车带家人去郊游。突然，妻子把手机递到我眼前，惊讶地说：“老公，你看这人是不是小曲?”

我把车停在路边，看着视频里穿着蓝色雨衣，正在报道新闻的记者。新闻的内容我根本就没有心思看，全神贯注地集中在记者的脸上。是的，那是小曲，他成功了。

晚上回去之后，我给小曲打电话，祝贺他的成功。没想到那小子倒开始“谦逊”起来：“哥，我老早就开始做记者报道了，你今天才看到我报道的画面，看来我还得努力啊。”

我笑了，为小曲的成功感到高兴，也是对自己当初不够坚定的自嘲。每个人心中都有自己的梦，但人生并不是有梦就可以的，梦想的实现，需要一点一滴持之以恒的坚持，而失去了行动与坚持的梦想，将是永远不可能实现的，那就是白日做梦、是空想，自然，也是妄想。

还记得那个海贼王的动漫吗？一个夏天的海边，一艘海贼船停泊在沿海的小镇边。船长香客斯的到来，改变了还是毛头小孩儿的路飞对海贼的观点。小路飞和船长告别时，船长送给他一顶草帽，路飞哭了，他含着泪对海贼们喊出了自己稚嫩的梦想。

“总有一天我会成为海贼王，我所组的队伍一定不比你们的差。”

因为吃下恶魔果实而不能游泳的路飞，实现梦想的道路对于他来说无疑是布满荆棘的，甚至会葬身大海。但他并不畏惧，他告诉自己，要坚持自己的梦想。他知道，想要实现梦想就必须付出代价。面对一望无际的大海，年少的路飞毅然戴上了船长香客斯送给他的草帽，踏上了“伟大的航线”，去寻找传说中的宝藏。

“我要成为海贼王，是我自己决定的，就算为此付出生命也无所谓。”

“我不会航海，我不会剑术，我不会煮饭，我甚至不会吹牛！但我有一颗勇敢的心，有这一点就够了。”

草帽小子路飞终于组成了一支强大的海贼团伙，并当上了船长。

我很喜欢路飞，我敬佩他的真诚、率直、天真、自信……当然还有他的勇气，那种为实现梦想而竭尽全力、无所畏惧的勇气。“我要成为海贼王！”当因为受伤全身被绑得像个木乃伊时，当遇到暴风雨船都快散架时……他都这么说，凭着这种坚定的信念和毅力，带着火焰般的勇气，路飞最终找到了传说中的宝藏，成了海贼王。

有一首歌唱道：“在那不遥远的地方，埋着你的梦想，散发出微小的光芒，那是属于你的土壤，等着你去开掘宝藏。”是的，每个人都会有自己的梦想，如果能从小事做起，脚踏实地，持之以恒，奇迹就会从天而降，梦想终会成真！

若您有为梦想努力的劲头，还有一颗坚持的心，那么，梦想定会走着走着就近了。

现实扎心，唯有努力才不枉这年华

▼

你不对自己下狠手，就别怪世界对你下狠手

那天去小舅家做客，见到了表妹斯诺，她今年刚刚考上大学。跟热情的小舅和小舅妈不一样，斯诺在面对亲戚们的时候总是显得有些木讷和拘谨。对大人们的询问，她也爱答不理的，就只是轻轻地“嗯”一声就回了自己的卧室，没了下文。我看得出来，已经成人的她不再像小孩子似的用可爱的笑脸讨好长辈，现在的她有自己的思想与个性，懒得与大人们交流。

小舅妈跟我寒暄几句后，让我开导一下斯诺，说自从上大学后，斯诺就跟变了个人似的，不像之前那么开朗，现在总是沉默寡言，也不爱与他们交流了。

我来到斯诺的房前，轻敲了两下门，斯诺开门，指着一旁的椅子说：“哥，你坐吧。”

我环顾了一下屋子，屋内的摆设特别简单，恍然抬头，就被天花板上的海报夺去了视线，是夜幕下的广州“小蛮腰”，五彩斑斓的光映得水面波光粼粼的，很好看，围绕着小蛮腰的幢幢建筑都很清晰，呼应着美丽的光。

“你这张海报挺好看的，是想以后去广州上学吗？”

“是的。”斯诺难得语气坚定，转过身看着我，但是很快脸色又开始变得落寞。

“那为什么不报考广州的学校呢？”

“我没考好，妈妈的态度很强硬，对于城市、学校和专业，我自己没得选，只能听妈妈的，无力辩驳。我现在的心情是一万个后悔在飞过，如果当初好好学习，对自己狠一点儿，努力拼一把，考个好成绩，是不是今天我面对的就是可以自己选择呢？”

进入一所并不是自己期许的大学，对斯诺的心情，我虽然做不到感同身受，但是我可以理解其中的无奈。

面对高考，有的人选择不顾一切地努力，虽然那种歇斯底里的努力不够雅观，但结局往往最可观，上天终究不会辜负这种拼了命的努力。有的人不想过于拼命，不忍心让自己受这份苦，所以选择听天由命，可是真的到了最后宣判的时候，又开始后悔为什么当初不咬一咬牙，跺一跺脚，再坚持一下。

可惜事实是世上没有后悔药可吃。事后再如何痛彻心扉也无济于事。愿你现在开始醒悟，至少还来得及，别让自己在未来继续后悔。

生活哪里有容易的，人活在世界上谁不苦不累呢？在学校拼搏的时候觉得苦和累，其实走出象牙塔以后，也是一样的苦和累。

一天，一直在码字的我有些累了，决定去公司楼下抽根烟，缓缓脑子。在吸烟的时候，我无意中听到两位同事的对话。

同事A：“你说咱们这一天天累得跟狗一样，生活如此艰难，什么时候才是个头啊？”

同事B：“就是啊，你看看咱们员工一天天做这个做那个的，做主管的就清闲多了。不说别人，我就跟你说我老大吧。他呢，每天上班都是卡着点来，准点下班。上班的八个小时里无非就是浏览网页、看看报表，工作轻松得很呢。”

同事A：“可不是，他们的生活惬意得不行，对我们下狠手，想想都觉得心痛啊！”

说来真的是巧，我在等电梯的时候，还真碰上了同事口中的这位主管。他手里提着两杯咖啡，一只手拖着两个手机，胳膊里还夹着很多文件夹。

进了电梯之后，我问：“你几楼啊？”

“十八层，谢谢。”

“没事。”我随即按下了“18”和“23”的按钮。

电梯门刚刚关上，他的手机就响了起来。

我低声说：“那个，要不我帮你拿着咖啡和文件夹，你先接电话吧。”

他感激地笑着回应：“谢谢，太谢谢了。”

通过他接电话的语气，我估计是在跟领导汇报事情，突然他示意我打开文件夹。我按照他的指示打开，里面是各种花花绿绿的报表，还有用各种颜色的签字笔做的标注。我是文科生，天生对数字统计缺乏敏锐度，但是我还是看得出这份报表的优秀。

到了十八层，他的电话依然没有停止的迹象，电梯门开了之后，我把东西递到他的手里，他看着我，点头向我表示感谢，转身就又继续通话。

也许那两位同事仅仅看到这位主管清闲的一面吧。

就如冰心的文中说：“成功的花，人们只惊羡她现时的明艳！然而当初她的芽儿，浸透了奋斗的泪泉，洒遍了牺牲的血雨。”

我们总是会忍不住想，为什么别人可以生活得那么轻松，而自己看上去生活得特别狼狈。我想告诉你，这是因为你在闲庭信步、优哉游哉时，别人在你看不到的背后正偷偷地努力着。

为什么同时进公司的人，有的人升职做主管，而有的人只能继续做下属。这是因为你在抱怨上司比你轻松的时候，别人在用不知道多少杯咖啡提着神，用心工作。

很多时候，我都在想，如果我能对自己要求严格一点，如果能再努力一点，不那么懒惰，那么我现在肯定会过得好很多。但是，人生没有后悔药，一切也不会重来，即便自己想重新开始，以自己现在的年龄，上有老下有小的情况，已经不会再有那么多机会和选择的权利。

对自己狠一点，是时候努力了！

如果你曾经错过了什么，那么从现在开始努力也还不晚！

请相信，你当下拼搏的狠劲儿，终将会收获一个美好的未来！

▼

现实扎心，唯有努力才不枉这年华

四年前的沈诚也是一个朝气蓬勃、积极向上，对这个世界充满幻想的青年。在学校，他是学生会的干部，且一直在班里担任班长。虽然他家境不富裕，但好在他的成绩很优异，每个学期都能拿到奖学金，在大学的生活还算不错。他第一次感觉到现实的打击是大四那一年。大四上学期，他和其他三位同学获得了去悉尼大学做一学期交换生的资格，看着一学期将近六万的费用，他退缩了，不得不放弃那次机会。不过，他在那个时候还很乐观。

毕业之后，他和寝室的一个兄弟来到了北京发展，通过一个朋友的介绍，在北京昌平沙河附近租了两个床位，没错就是床位。不到四十平米的房间里，歪七扭八愣是放下了十张床，一人占一个床位。他知道人穷志短的道理，但看着居住环境，还是忍不住骂出了脏话。没想到正好被房东大叔听到了，房东用纯正的京腔说：“你就知足吧，多少人都没你这待遇。住呢，今儿就把钱交了，不住赶紧走人。这里可是北京，寸土寸金，不愁租不出去。”

没办法，沈诚和朋友还是选择住下来。没有什么背景的人在哪里奋斗都是很不容易的，尤其是在北京。他安慰自己，既然来了，就不能轻易离开。所以每天他都早早地起床，不断地投简历。接下来的几天，他不停地接听预约面试的电话，把面试公司的地址一一记下来，把在一个区域内的公司标记清楚，逐一去面试，生怕错过任何一个好的机会。起初，他也很在意工作待遇。管吃住的地方，一般员工工资不会高到哪里去；薪水略微高一些的，上班时间很不固定，加班是常事。一个月眼看就要过完了，他身上的钱也越来越少，心情变得更加急迫焦躁，考虑再三，他决定去一家金融理财公司做销售。

为了增加订单，他常常去写字楼里发传单，最后导致楼层里的保安都认识他了，为了写字楼的治安，禁止他进入，还把他辛苦印刷的产品介绍列为“小广告”，没收之后全部丢进了垃圾桶。和沈诚一起进入公司的还有一个年轻人小高，小高和他不一样，小高每天并不出门，只是坐在工位上打电话、聊天。不过一天，小高却一下子拿下了一个三十万的大单子，提前转正了。他很是羡慕，原本想着去跟小高讨教几招。后来在洗手间，听到同事们说小高家里是开房地产公司的，爸爸是上市公司的董事长之后，他终究没有问出口。他暗暗下定决心，一定要努力，争取拿个大单子，早日转正。不过现实还是那么残酷。一天下午，销售经理把他单独叫到了办公室，看似语重心长地说了很多，实则就一句话：“如果再拿不出业绩，就可以走人了。”

虽然他靠着不怎么出色的业绩勉强留在了公司，但是接下来发生的事情让他备受打击。在年终总结会上，优秀员工的头衔发给了刚进公司不到半年的同事小马，小马的业绩他是知道的，远远赶不上自己。他有些不甘心，想去找领导问个清楚，虽然自己拿优秀员工不够格，但是怎么也轮不到小马。其他同事看出来他的不平，跟他说：“你还不知道吧？小马的爸爸是 XXX 局长，优秀员工奖不给他，给谁？”

他感觉自己的后脑勺被人狠狠地打了一棒子，脑子很蒙。这个世界原来是这么残酷的吗？那么努力生活、拼命工作的自己还是比不上家里有钱、有权的人。

他接受不了这样的事实便辞职了。他买来一大堆酒，想让人陪他一起喝，但是出租房里的人都太忙了，谁也顾不上给他一些安慰。但他还是我行我素，见人就跟人抱怨这个社会有多么不公，有多么残酷。就这样浑浑噩噩度日，直到身上没有钱了，他靠着斑驳的墙壁无力地坐在地上。他思虑良久。的确，别人比自己有钱，但是这不代表自己永远身无分文；别人是比自己有权势，但是自己也有实力，有实力的人总有一天会得到上天的厚待。他想通之后，决心振作。虽然还是销售工作，不过他变得更加有热情了。他变得投入，经常加班以至于错过地铁运营的时间，最后不得不打车回家。后来他的工作走上了正轨，也有了自己的团队，他也受到了领导的认可，当上了区域总经理。

有时候提起自己初到北京的经历，他还是颇有感触地说：

“那个时候，我虽然觉得现实很扎心，心很疼，对这个社会有很多责怪，但是很庆幸自己走出来了，自己没有抛弃自己。”

不只沈诚，人生在世，人人都不同程度地遇到过梦想很“丰满”，现实很“骨感”的尴尬。仔细想想，人生就是存在不公平，你无法否认，无从辩驳。世界上存在太多一碗水端不平的事情了，不要经历一次不平等的事情，就只是幼稚地责怪世界对你不公，而无所作为。事实上，在你看不见的角落，很多人遭遇的痛苦比你更加强烈，但他们聪明地选择站起来，选择一步步使自己的内心强大起来，让自己的身体披上坚硬的盔甲，不惧不怕。

这好比在行走江湖，有的人就是天赋异禀，身怀绝世武功，有的人生来就是某个大门派的后人。而你如果前两样都没有，那你就需要努力修行，慢慢磨炼。当你的同事因为溜须拍马而升职加薪的时候，无须责怪世界的不平，抱怨现实扎心。此时你要做的是平和心态，努力提升自己的技能，多学习一门外语，多看工具书，多学习一些才艺，唱歌、舞蹈都行，这些在以后肯定会发挥它们的价值。当你变得强大，变得无可替代，变得谁都不能压制住你的光芒的时候，你就会发现你的人生简直像开了挂。

▼
别人的成功跟你没半毛钱关系

在英国留学读博士的一位好友叶新跟我打电话诉苦，隔着电话我都能知道他现在的脸色有多黑。

事情是这样的，前几天有个陌生人添加他为好友，叶新本来以为是骚扰就直接选择了忽略。谁知一连几天，那个人一直在添加，叶新便通过了请求。还没等朋友问对方是谁？对方上来便问："知道我是谁吗？我是你初中同学，我姓张，还记得我吗？"叶新一点儿头绪都没有。对方一直在提示初中有的没的一些事情，期间说起好几个初中同学的名字，叶新这才慢慢地有了一些模糊的印象，但对方的名字就是想不起来，只好回复了一句："是你啊，真的是好多年没见了。"对方说："听某某说你在英国读博士啊，听说还是全额奖学金呢，你真厉害。"叶新说："哪有什么厉害不厉害的，运气好而已。"

对方继续说着叶新初中学习的种种事迹，总是时不时就夸赞叶新几句，说什么学习好，性格乐于助人等。其中好多事情，叶新都不确定是不是发生过，只能客气地说着“没有那么夸张，你实在是过奖了”。

都说无事不登三宝殿。果然，怎么可能有人会费那么大劲儿加上初中同学的QQ，然后就是为了缅怀青春、夸赞别人的优秀呢？

叶新看对方一直没有说什么重要的事情，又正好到中午吃饭的时间了，便说：“我要去吃饭了，咱们下次有机会再聊吧。”谁知对方也不再客气了，连忙发了好几条消息，让叶新等一下，中间还发了很多文件。见叶新没有接收，对方直接就说：“这个是我亲戚家的朋友要出国留学的一些文件，你帮忙给看看吧，尤其是那个学校申请的文件，你帮着给润色润色。”

叶新一下子就愣住，怎么画风一下子转得这么快。叶新只接收了申请表，查看了申请的学校和专业，并不是自己了解的行业。叶新深知隔行如隔山，知道自己并不是十分了解，便实话实说，自己不一定能帮上什么忙。但经不住对方一再坚持，没办法，叶新只好说自己尽力而为。叶新一直在研究室帮导师一起做研究和报告，时间本来就很赶，现在一想到自己只能牺牲晚上休息的时间去查阅资料，头就大了。叶新刚想着跟对方最后说一声再见就去吃饭的，没想到对方又发来一段话，让他顿时没了食欲。

“你那么厉害，你帮着给介绍一个比较靠谱的教授呗？我听别人说，有教授的介绍信，留学申请的通过率会高很多呢。”

叶新扶额，专业都不同，自己去哪儿联系教授啊，又用什么立场请求人家教授写推荐信呢？叶新这次不再委婉，说明情况，直接拒绝了对方的要求。谁料对方反倒有点儿不高兴起来："我又不是让你找一个特别厉害的，随便一个靠谱的就行，这么点儿小忙你都不愿意帮我啊，咱们怎么说也是同学一场呢，你这么办事不合适吧？"

听到这里我也是啼笑皆非，没错，叶新是厉害，是成功，但是人家也不是平白无故得来的。叶新当初为了出国留学的机会辛苦学习的时候，也没有请以前的同学帮过忙。别人的成功始终都是别人的私有资本，不是你的，你想借用，那么你要清楚的是，别人愿意帮你或许是因为情分，但是不帮你也是本分。

为了让叶新释怀一些，我安慰叶新说，你也不至于为了他大动肝火，这样的人很常见。于是，我又给叶新讲了个故事。

小白是公司新来的实习生，目前还在念大学。这几天有些安静的编辑讨论群，因为小白发的一张照片一下子就炸开了锅。照片是 TEM-8（英语专业八级）的资格证书，里面写有小白的名字。起初大家都在群里为小白祝贺，小白也特别愿意和同事们分享快乐。年假结束后，小白突然在群里大吐苦水，称自己以后打死也不会回老家发展。群里有人问，什么原因？

小白说，自己这次回老家，家里人都知道自己考下了证书，亲戚们都去找小白了，围住小白一会儿让补习英语，一会儿让帮着改一下英语简历。小白也不是不愿意帮忙，只是家里亲戚朋友实在是不少，帮了这个不帮那个也不合适。要是都不帮，家里亲戚难免会觉得没有面子，也会伤了亲戚之间的情感。但要是都帮忙，自己还真的没有那个时间，这件事搞得她特别苦恼，心理负担特别重。

我的身边不乏成功人士，而他们身边的确会围绕着寻求帮助的人。我渐渐发现那些人的开头语都很格式化，比如：你会XXX吗？好厉害啊！可以教我吗？每次听到这样的提问，我都觉得特别有意思。先不说我们没有多深的交情，即便是有，不是不能教，但是凭什么我会我就必须要教？或许别人是在某个领域比你成功，但是别人并不欠你的。别人不教你，是别人的权利。

退一步说，就算别人愿意教你，那你也不该完全什么也不做，专等着别人喂食。一次，一个读者问我怎么拍出高大上的照片？我噼里啪啦说完一堆，没想到他突然问我，摄像机的快门键在哪里？我真的想问，你真的不是来搞笑的吗？

我教你并不意味着我要从说明书上写的开始。如果你连最基础的都不愿意去学习，一味依靠别人的力量，只是为了省一些力气的话，那你就大错特错了。请记住，每一个你请求的对象，他并不是一天24小时只围着你转，别人也会有自己的事情需要处理，所以不要自私地把成功的希望全部押在别人的身上。其实很多的东西没必要非要跟别人学，现在网络很发达，很多公共的学习资源都可以自学。在人生的道路上，别人最多能帮你一时，不可能做你一辈子的拐杖。如果想要劳力士或者香奈儿，请自己买！

▼

上天待你不薄，不要假装看不见

嘟嘟——

“喂，刚子，怎么啦？怎么突然想起来给我打电话了？”

“怎么，没事就不能给你打电话啦。你最近都忙什么呢，游戏也不上线了。”听到好友久违的声音，霍骁的脸上不自觉地浮现出了笑容。最近事情太多了，考上研究生，来到H大已经快一年了，整个人又陷入了一种迷茫的状态，感觉和以前的朋友都有点儿生疏，跟社会脱轨了似的。霍骁现在都开始有点儿怀疑当时选择考研是否正确了。

“还能忙什么呀，我一个上班族能忙什么，忙着上班挣钱呗。”

“挣钱什么时候都能挣，着什么急啊？”霍骁笑着说道。

“不着急不行，我得挣钱买房娶媳妇啊。我计划在B市买房子，离云云家和我家都比较近，以后回两个家都方便点儿，而且这边的发展机会也更多一些，以后孩子上学的学校资源和设施一类的也比较完善。但是现在 B 市房价太高了，不赶紧挣钱，我连近郊的房子都买不起了。我还想着要买辆车，这样以后回家就直接开车了，到时候就不用再抢火车票了……”

电话另一边的朋友似是而非地抱怨着，絮絮叨叨地说着自己未来的计划。霍骁却不禁陷入了沉思，毕业一年，以前学校要好的同学、朋友，该订婚的订婚，该结婚的结婚，工作也都定得差不多了，大家好像都已经有了自己要努力的方向。霍骁突然想：要是当时我没选择考研，或者没有考上会怎么样？

“行了啊，可别虐我这个单身狗了。听你这么说，你已经把自己的未来规划好了啊。大家也都收心了，就我一个人不仅单着，还漂着。你不知道我整个人又回到了大四时候的状态，天天逃课不学习。我和你说，这边学校老师上课都没什么内容，就是照着 PPT 给你念的，一点儿也不深入，什么东西都只涉及一点儿，再深的就没有了。我现在都有点儿后悔自己是不是应该继续上学了，看我现在的状态以后也不知道能干什么，大家现在都混得比我好。”霍骁苦着脸和电话另一端的朋友诉苦。

“怎么会，你不要这样想，你现在读的书，都是资本。研究生两年的时间里，你现在每天除了上课，有大把的时间学习一些技能，你可以充分利用起来，充实自己。我就不一样了，白天工作八个小时，有的时候虽然也想学习一下，但就是抽不出时间学习，我现在的生活，学习和生活根本分不开。”

霍骁有点儿茅塞顿开。确实，自己一直在抱怨自己的生活不够精彩，其实一直都没有发现，造成这种结果的始作俑者正是自己：觉得老师上课讲解的知识点不够深刻，可以自己去图书馆自学；觉得生活无趣，可以丰富自己。不管是研究生还是已经毕业的年轻人，每个人都有自己需要努力的方向。不必一直羡慕别人的成功和努力，自己也有很多的闪光点。找到自己真正想要的，找回自己最初努力的信念，向自己选择的方向前进。

任何事情都是有两面性的，你看到的一面或许并不是事情的全部。我们总能看到别人身上的幸福，觉得自己受到了老天的薄待，却从来不会想着看看自己本来就拥有的东西，不知道如何利用。长此以往，自己原本有的，最后也会被自己丢掉。你羡慕别人拥有轰轰烈烈的挚爱，有可以携手到老的感情，但是你不曾想过曾经也有一段热烈的恋情摆在你面前，而你却选择无视，拱手让人；你羡慕别人有耀眼的文凭，但是你不曾想过曾经的你也可以得到，而你却选择懈怠，再也不愿练习。

你羡慕过很多你以为自己没有的东西，其实你只是假装看不到而已，只会一味地抱怨懈怠。本来上天是公平的，丝毫没有薄待你。如果你不珍惜，也不愿意为之努力的话，那上天收回他的宽容以待的时候，你又有什么资格呼天抢地地抱怨上天的不公呢？

试着平心静气地和世界相处

几天前，我坐火车去外地看一个朋友，车上坐了一位年轻的姑娘一直在打电话，整个车厢都是她哽咽而无奈的声音。从她口中我得知：一个人想要在北京扎根，却孤苦无依、漂泊不定；想要有份能体现价值的事业，却在工作中屡屡碰壁；想要在大都市找到属于自己的生活，却越来越觉得拼搏无意义、根本不值得。屡次遇挫后，这一次她踏上了返乡的旅程。

虽然不知道和她通电话的另一端是谁，不过我想：这个姑娘的运气不是一般的好，毕竟能耐住性子听她毫无逻辑，只是一味抱怨的话，并不是一件容易的事情。直到我下车，姑娘的电话还没有要结束的迹象。

我不知道姑娘具体的生活到底有多么的波折，但她口中流露出的每一个不幸，我想经历的人肯定不止她一个。每个人的身上都有伤痕，你以为的岁月静好，大多在负重前行。不是没有受过伤，只是在疗伤的时候试着平心静气地和这个世界相处，寻找一种不麻烦别人的自愈方法。

朋友盛情，找了一家很有情调的酒吧，说要给我接风。酒吧放着《Five Hundred Miles》，缓缓的歌声在静谧的酒吧里响起，让人情不自禁想到很多回忆。几杯酒下肚，借着酒意，我和朋友的话题开始多了起来。突然，朋友问我："你现在听这首歌还有想哭的感觉吗？"我笑着说没有。我知道朋友为什么那么说，他也知道我真实的答案是什么？因为三年前，我跟他就听着这首歌，在伦敦一条不知名的街道上撒过酒疯，那样的歇斯底里。就算有很多来往行人会驻足看我们，但是因为听不懂中文，也只是摇摇头就走了，或许在他们的眼里我们就是两个"酒鬼"、不知道是谁的"外国人"。

朋友听后和我对视了一下，笑出声来："你说咱们当初怎么就能那么蠢呢？"

蠢吗？是蠢吗？我承认是有点儿。

我反问他："再给你一次机会，当年你还去不去英国？"

他喝完杯里最后的一点儿酒，示意酒保再来一杯，抬眼看着我说："去！再来几次，我都去！不过现在想想，当初的那种呼天抢地的行为，就觉得好笑。我以为我做好了各种心理准备，可还是高估了自己，挫折远比我们想象的要强大，当时觉得太难了，这个坎是迈不过去了。不过，庆幸的是，咱们酒后说的是中国话。不然，在公共场合，无所顾忌地就把自己的所谓的伤疤重新撕开，不顾他人的想法，把自己的哭诉强加给无辜的人，先不说那些无辜的人怎么看我们，我自己都觉得害臊。”

是啊！千里迢迢去到异国他乡，绝不仅仅是为了所谓的“找虐”，谁都是因为年轻有梦要去追。

现在回头看，你会发现，当初的难其实也没有那么难，真正让我们陷入痛苦的，从来不是事情本身，而是当下的心情和境遇。其实，不要自困，要学会跳出来。

我又问：“我一直很好奇，当初英国待遇那么好，干吗要回国呢？”

朋友接着说：“要是还给我一次机会，我还是会选择回国。虽然在英国的三年里我得到了很多，可我总觉得还是没有学会怎么和这个社会平心静气地相处。那时，每每遇到难题，我总是习惯性逃避而不是主动解决，我一直觉得找一个都是外国人的地方，没人理解我的语言就好。时间长了，或许是抱怨的次数多了，那些令我难受的记忆就会变得越来越清晰，而给我带来的痛苦也会变得越来越沉重。我之所以选择回国，一方面也有逼自己成熟的因素，我知道，任何一个陌生人都不会无缘无故走上前来安慰你，拍拍你的肩膀提醒你是个成年人，得注意形象。其实我压根也就不需要这样一个陌生人，我需要的仅仅是换个角度就好。”

朋友的话给我很大的启发。

如果在努力奋斗的过程中，出现很多预期之外的状况，你只知道慌张，全然不会想对策解决。在还没到绝路的时候，就轻易说出束手无策的话，那你就再也没有前进一步的勇气了。另外，或许我们都曾像那个火车上的姑娘一样，都想把所有不堪的遭遇一股脑儿倒给自己亲近的人，奢望别人也感同身受，理解你的处境，支持你所有的决定。可你不会想到，这是一个怪圈，是一个恶性循环。今天你一遇到困难就迫不及待地想要别人帮你分担，那么明天你受了委屈，是忍不住想要哭诉的冲动的。长此以往，最终的结果只能是，再亲近的人也不愿再忍受无休止、无预兆的哭诉，只能对你渐行渐远。而你，就会越发沉浸在自己编织的被自己无限扩大的痛苦中。

人生这条路上，有人骑马，有人开车，有人踏着荆棘背着重重的行囊。我们不能感慨命运不公平、抱怨人生太艰难，我们能做的，只是咬紧牙关磕磕绊绊地走下去。

没有人生来就是和平顺遂的，大家不过是在找能与这个世界平心静气相处的平衡。在时间面前，我们都是输家。我们都会经历生活的磨砺，在背脊上长出坚硬的伤茧。这些，我们都可以看作上天的恩赐，是远方来的礼物。无论早晚，或许会迟到，但是不会缺席。

有人说，软弱是人与生俱来的特质，但反抗亦是人类的本能。山雨欲来风满楼之时，我们会无奈，但会想尽办法抵挡；当灵魂迷失在苍茫的天地，我们会困惑，但要选择站起来。人间很美好，你觉得不值得，是因为你没有机会踏遍山河。

▼

为什么你会越忙越穷呢

妹妹素素是个 95 后的姑娘，参加工作有两年了，总是爱买东买西的，钱就没有够花的时候。这不，今天是 11 月月末，她就又开始跟我说手头紧。没办法，我转了五千块钱给她。

双十二前夕，我以为公司里的小姑娘肯定会很疯狂地大买特买一番的，结果那天大家却出奇的镇静。我开玩笑地跟坐在我旁边的同事筱雅说："这就是传说中的暴风雨前的宁静吗？"

谁知她很平静地说："什么暴风雨啊？双十一那会儿已经买过了，现在双十二都没钱购物了，大家都没劲儿买了。"

我有些不信，说："别人是刚刚入职的实习生，工资少也就算了。你这大组长应该战斗力十足啊，怎么啦？不会地主家都没余粮了吧？"

筱雅冷哼一声，又笑着说："地主家的余粮从来就没多过？"

我开始觉得有些奇怪，不管是素素还是筱雅，都是工作很努力的人，两个人工作的时间都不短，而且两人常常加班，每天都是忙忙碌碌的。即便爱购物，只要不是总专注在奢侈品上，日常的花销肯定是可以的。从某种劳动理论上来讲，不是应该付出多少，就会得到多少吗？怎么会常常“哭穷”呢？

有一个周末的晚上，我把素素叫到家里吃饭，饭后我开始和素素闲聊起来。

“素素，你最近工作忙不忙？”

“嗯嗯，挺忙的。”

“工资涨了吧？”

“没有啊，工资还是老样子。”

“怎么会呢？工作忙不就说明工作量大，工作量大理应工资也会跟着上涨的啊？”

素素被我这么一说，有些蒙，随即眼前一亮说：“哥，你说得很有道理啊。我怎么就从来没想过这个问题呢。”素素想了一下，愣了一会儿，突然说：“其实仔细想想，我的工作量也没有增加。”

我说：“怎么会呢？不可能啊。你自己想想，你刚开始工作的时候，每天准点下班，工作完成的都很快。可是后来，我也忘了从什么时候开始的，你开始加班了，有的时候加班好几个小时，甚至还会把工作带回家里做。”

素素听完之后，低下了头，突然抬起头看着我说：“哥，其实我仔细一想，确实是工作量没有增加，因为我们每天的工作量都是差不多的，虽然遇到旺季的时候或许多一些，总体上还是和最开始的时候差不多的。我也很奇怪，不知道为什么会越来越忙，却依然很穷。”

为什么越忙越穷？我听了素素的话，心里有了些想法。

我问素素：“你平时都是怎么工作的呢？”

素素说：“还能怎么工作啊，就坐在那儿用电脑工作呗。”

我接着问：“安安分分地坐在那儿工作八个小时？”

素素显得有些心虚，弱弱地说：“没有。”

为什么工作量没有增加却会一直忙？

从素素口中得知，每次上班的时候，她最先打开的页面不是工作页面，而是先在电脑上登上自己的微信、QQ 等社交 APP。心想，看这些内容也就一眼的事儿，一会儿再工作也晚不了。即便没有多少必须回的信息，为了心理所谓的“安全感”，素素都会打开看一下。有的时候，电脑还会弹出一些推送新闻，素素也会一个不落地看一下。因为公司女孩儿多，办公环境又很自由，闲暇之余，大家常常聊一些有意思的事情，你一句我一句的，不知不觉就到了下班的时间。随后，公司很多人都会一起加班，按时下班的人只是少数。另外，工作上会出现很多工作并行的时候，工作量超出预期的时间，往往为了节约时间，就每个都做一点儿，但是哪一个都没有完成。

因为在规定的时间里，你把有限的时间花在了一些与工作无关的事情上。最后只得用所谓的加班来保证工作量。工作时不专注，没有效率，很多加班不过是拖延症发作后强烈的副作用。以为一些看一眼的事儿不会耽误太多工作时间，实则工作的大部分时间都拖延在这些无用的事上了。工作需要分轻重缓急来分类挑选，清楚工作重心，不能一股脑儿地全部涉猎，最后没有一个完整的结果。看似努力、看似忙碌，其实你不过就是在瞎忙，是工作没有效率的体现罢了。

筱雅比我来公司的时间要长。我记得我刚进公司还只是个小助理的时候，筱雅的职位就已经是组长了。现在我已经是部长了，可她还是组长。

我猜，这个时候有人肯定想，一定是她不够努力。还真不是这样的，筱雅一年之中从来都没有迟到过，不仅如此还常常加班做方案，忙到周末都没有时间和男朋友看电影、没有时间回家，有的时候甚至会直接睡在公司。认识她的人都知道她是一个很爱操心的人，什么都想亲力亲为，比如，领导分配下来的任务，每次她都会独立完成主要的百分之六十，剩下的细枝末节，她也会一点点地告诉组员接下来的工作方向。公司里别的组的人很多时候私下闲聊，有的时候会谈到她，脸上纷纷挂着羡慕的神色说：她组里的人也太幸福了吧！

是啊，对于普通职员来说，有这样的组长帮你在上面顶着，真的像同事们说的那样——前世拯救过地球的人才会遇到的。但是在我看来，在公司领导看来，并不是这样。

我被升为部长的那一天，公司部门老大陈哥找我谈话。当时跟我说的话一直让我记在心里。那天，陈哥把我叫到公司办公室。陈哥告诉我，我马上就会被升任成部长，任命的通知会在一周之后发布在公司的大群里，还说让我稍后去财务部联系董姐，处理后续调薪的事情。接下来，我需要尽快交接手里的工作。一时之间，我又吃惊又开心。

我当下就从椅子上站了起来，说："谢谢公司和领导们的信任，我会继续努力。"老大说："坐下吧，你要好好努力，公司选择你也是有道理的，你身上的领导能力要继续保持，加油！"

在我担任部长期间，我一直在想为什么筱雅每天那么忙碌，那么努力，升职的却不是她呢？后来我慢慢地知道了，对，就是领导力。

筱雅本身就已经是组长了，说明她作为普通职员的忙碌和努力已经被认可了，那接下来工作忙碌和努力的工作重心就应该是：学会如何成为一个好的组长。所以在她面对自己组里的成员时，你就应该很清楚你的作用并不是替他们完成绝大部分的事情，而是指点下属完成任务。

在工作中，一个人为了工作忙碌和努力肯定是没有错的，但是，明明自己一直忙碌，一直努力，但是没有结果的时候，你就该停下来，静静地想一想：是不是哪里出错了？

我不否定筱雅付出的努力，但筱雅最终的结局皆因努力方向的错误。

若是努力的方向错了，就算再忙碌再努力，那么，一切都是白费的。即便给你再多的时间，你也不会有所收获，而跑在你前面的人只会越来越多。

朋友们，请在努力奔跑之余，不妨好好反思一下，自己是不是也有拖延症？工作方法是否存在问题？或者一开始就跑错方向了呢？找到一个好的方向和一个高效的工作方法，再加上严格地去把控时间，这样一来，你离梦想的距离就会越来越近，就不会越忙越穷了。

▼

你只是懒，没别的

十一黄金周回家探亲。二叔知道我回来后，专程来家里找我，让我跟堂弟肖威好好聊聊。

二叔说肖威这小子又辞职了，都已经在家里窝了半个多月了。

二叔说这些话时愁容满面。

我听完后，已经有点儿见怪不怪了。我这个堂弟，三天两头换工作，对于他来说，换工作就跟换衣服一样简单、随便。

二叔恨铁不成钢地说：“肖威这小子，我算是没辙了。你呀，是他哥，小时候成天跟在你屁股后面玩，你们都是年轻人，聊得来，你帮二叔劝劝肖威，二叔谢谢你。”

我说：“二叔你说什么呢，谢什么谢啊，咱们都是一家人，应该的。二叔你放心，我肯定劝劝肖威，我中午吃完饭就过去看看。”

下午的时候，我到了二叔家，喊着肖威的名字。喊了几声也没有应答。

这时二叔刚从外面回来说：“他在自己屋里睡觉呢。”

我有些惊讶，哪个二十出头的年轻人会在这个时间睡觉啊，一个个精力旺盛得恨不得一天有四十八个小时，而且每天都是白天、没有黑夜，可以尽情地挥洒青春。我想着就是这小子在偷懒，躲在自己的屋里不知道干什么呢。

我敲了敲门，没有人应，心想这小子不会是真的在睡觉吧。我转了转门把手，发现门没关，就打开门进去了。开门之后，我就看见床上的被子乱糟糟地团成一团，几件衣服也是皱皱巴巴地随意扔在了床上。那小子蒙头大睡，鼾声如雷，身体呈大字形趴在床上。

看到这里，我过去一巴掌拍醒他，他掀开被子，转过头，一看是我，就说：“哥，是你呀，我还以为是……”

我了然地说：“你以为是谁？以为我是二叔啊。”

肖威不好意思地低下头说：“哥，你说你进屋怎么不敲门啊？”

我说：“我敲门了啊，你这正做梦呢，哪能听见敲门的声音啊。”

看着肖威的样子，我有些恨铁不成钢，直截了当地说：“你这倒是自在，我听二叔说，你这一天天吃完饭就回屋，倒头就睡，一睡就睡到吃晚饭的时候。你这跟老年人的生活有什么区别？明明身强力壮，正年轻，偏偏成日躲在屋子里、黏在床上，荒谬青春。”

肖威更不好意思了，开始埋怨起二叔不该跟我说这么多。

我接着说：“肖威，你大学毕业之后，也换过不少工作了。前几份工作不提了，就说最近你做技术员的这份工作，技术员不是你一直都想从事的吗？但是你连试用期都没过就被开了。”

肖威急忙说：“哥，你不知道，技术员的工作和我想象的一点儿都不一样……”

我说：“即便和你想象的不一样，这也不能成为你做事拖沓、不按时完成工作、糊弄应付差事的借口。我看过你的试用期领导意见了，清清楚楚地写着，拖沓懒惰、不按时完成工作、没有进取精神。”

肖威：“谁说我做不好的，我只是不喜欢，那样的工作根本就不能体现我的才华，我只是……”

我打断他，干脆地说：“肖威，别再给自己找借口了，人家为什么把你开了，说白了，没别的，就是因为你懒。”

我知道肖威是真的有才华，明明可以做好却不去做好，这不是更加告诉别人：没错，我就是懒于做好。试想，哪家企业会让这样的人通过试用期。这个社会有太多现实和想象出现偏差的事情，但是既来之则安之。无论什么样子的工作，保持认真勤奋的态度去对待才是最佳的姿态。

也许肖威自己心知肚明，只是在装糊涂，不肯承认自己的“懒”吧。我想，无论是谁都无法叫醒一个装睡的人，所以最后离开的时候，我也不清楚到底有没有叫醒肖威。

人生总要向前走，谁都一样。今天的你或许手里握着拐杖，但是总有一天，你要站起来，什么都无法依靠，独立前行。那个时候，你想赖着不起来都不行。生活会给你机会，让你为自己的懒惰买单。

回去的路上，我想起刚上大学那会儿，我上铺的一个哥们儿。他也是个十足的懒人。因为睡在我的上铺，所以常常使唤下铺的我帮他拿这拿那的。有时，我在忙着自己的事情，拒绝他的要求的时候，他还会振振有词地说：我是上铺，上下不方便，下铺的帮个忙递一下怎么啦？

怎么啦？递下东西真的没什么，但是，我真的怕他这种使唤别人的坏习惯会上瘾。果然，时间证明了我的说法，上铺的哥们儿真的上瘾了。

慢慢开始，他总是说身体不舒服，不是这儿疼就是那儿疼，一开始我们还关心一下，心想着，这么个大小伙子，身体还挺弱。结果时间一长我们就知道了，这小子根本就是跟我们装“林黛玉”呢。因为他常常无病呻吟，受到祸害的不只是我，还有同寝室的其他两个人。他总是会用各种的理由使唤别人，一会儿说自己腰疼，没法下楼，让我们帮忙带饭，一会儿说自己头疼，没法上下午郑教授的历史讲座，让我们帮忙请个假。最开始的时候，每次我们答应帮他之后，他还会说声“谢谢哥们儿”。等到后来的时候，直接跟下达命令一样。或许连他自己都没发现，自从他在床上放了一张小桌子之后，有多少顿饭没有下过床了！一开始可能他也只是小懒，但是却不知道怎么发展成后面的大懒特懒了。我常常想这个哥们儿如果放弃治疗的话，估计现在已经是“懒癌晚期”了。

朋友们，你知道吗？人生中有很多时候，你之所以没有成功，不是因为被眼前的困难打败，而是因为懒，因为你懒于奋斗、懒于战斗。不要总是往懒惰的深渊探望，注意：你在看着深渊的同时，深渊也在看着你。

用痛来致敬我们的岁月

▼

别被“奋斗”二字吓破胆

每次读到顾城的《避免》这首诗，小陶都会觉得是在说自己，句句扎心，忍不住流下眼泪。

“你说，你不爱种花，因为害怕看见花瓣一片片地凋落。所以，为了避免一切结束，你避免了所有的开始。”

夜幕降下，世界陷入一片安静，好似全世界就剩下自己。摘下一直佩戴着的面具，看着镜中真实的自己，由不得小陶不承认，这些年因为自卑和怯懦，因为不敢面对不好的结局，他拒绝了很多很多的开始，活成了现在这个自己并不喜欢的样子。

高考那年，小陶因为考试紧张，严重发挥失常，比自己预估的考试结果低了五六十分。这样的成绩，注定让小陶和自己梦想中的大学失之交臂了。家里人和老师们都为他感到可惜，有时会劝他要不要考虑复读一年，还说以小陶的能力肯定是可以考上一个很不错的大学。

虽然，小陶面对这样的结果很不甘心，但是要复读吗？小陶坚定地摇了摇头，对身边的人说："还是算了，其实复不复读对我来说无所谓的。上哪所大学都没关系，在哪里学习不都是学习吗？再说以后找工作也不全看毕业学校的名气。"

小陶一直这么跟别人说，周围的人见他如此坚持，也不再说什么了。可是真的没关系吗？并不是。其实，他躲在被窝里偷偷哭了好几次，为自己的失败流泪，为自己的懦弱流泪。他不是没有想过复读，只不过害怕卷土重来还是一样的结果。如果自己再次考试失常，到那时，那骄傲的自尊该放在哪里？自己还有什么理由饶过自己呢？

报志愿的时候，小陶像逃离一样报了南方一个不知名的大学和一个并不感兴趣的专业。小陶的朋友们知道后，都很疑惑："小陶，你英语成绩那么好，为什么不选择英语专业？"

小陶故作轻松地说："英语本来就属于实用性科目，而且现在也不算主流专业了，不报这个专业也没什么影响，我想着学其他专业的同时，并不妨碍我学习英语，英语我不会落下，自学没问题。"

这个解释，听起来完美，没有漏洞，可只有小陶自己知道，他不过是害怕失败。报志愿的时候，人们都是知道的，报考语言专业必须通过口语测试。小陶控制不住地想，如果没通过口试，那么他仅有的尊严也会变得廉价。

一直拒绝开始的小陶，貌似养成了习惯，常常和心中所想的背道而驰、渐行渐远。以前在大学时是这样，没想到在爱情上也是如此。不过这一次的逃避，在小陶的心中留下了难以弥补的遗憾。

小陶喜欢上一个姑娘，她活泼开朗、娇小可爱、特别有想法，从入学第一天就已经开始给自己的人生做好了规划。小陶觉得她身上有股莫名的吸引力，总是不自觉地想跟她待在一起。每次和她接触，都能感受到她身上满满的正能量，这使他对生活充满了期待。

即便小陶迫切地想跟她在一起，但始终不敢迈出脚步去追求她。他还是害怕，害怕很多的东西，害怕自己不够帅气，不够有魅力，不够优秀，不足以和那么美好的她站在一起。他想，等自己足够优秀，足够有勇气的时候，就要大胆地告诉她。谁知姑娘在对小陶的心思毫不知情的情况下，答应了别人的浪漫告白。

“将感情埋藏得太深，有时是件坏事。如果一个女人掩饰了对自己所爱的男子的感情，她也许就失去了得到他的机会。”这句话，同样可用在男人身上。爱情不会讲究先来后到的，不是小孩过家家，不是你先动心姑娘就是你的。不要忘记，美好又优秀的姑娘，谁都有权利追求，你不追，自然会有别人追。有的时候，你一时的怯懦和害怕，就会遗憾终生。没有谁有权利一直要求别人在原地等你，错过一时便错过了一世。不要等待好事自己降临，你要向幸福进发。

围棋上讲：一步错，步步错。对于小陶来说就是这样，因为不敢争取，没有勇气为钟爱的人和物奋斗，时间长了，慢慢地，小陶也记不清有多少次错过自己喜欢的东西了，因为不想看到花败就连花都不种的事情屡屡发生。在过往的日子里，他错失了太多去争取的机会和尝试，造成人生中的路与理想中的路方向截然相反了，从而留下了太多的懊悔和遗憾。

因为贪图安逸，一直把自己装进壳子里，不肯出去。其实世界没有想象的那么难，总是害怕失败就会连成功的希望都看不到。

别忘了，只要努力，一切不是没有可能。不要畏惧结局就拒绝迈出奋斗的脚步，任何人都没有提前预知明天的能力。谁都说不好明天要面对的是什么，所以我们应该大胆地去尝试。

当然，在努力尝试的过程中，肯定会有栽跟头的时候，但是无须有太多的负担，别人都很忙，没有人会特意花时间看你栽跟头时丢脸的样子。

人生中最大的痛苦不是失败，而是错失一些完全属于自己的机会和可以努力争取的成功。有些事，尝试了就算没有达到预期的结果，人生也可以坦然地说：我尽力了，不留遗憾了。

那些害怕失去，不敢拥有和不敢开始的人，请大胆一些，努力尝试开始吧！也许你是太久没有努力了，稍微努力一下就以为要你的命了。奋斗不是那么难的，你只是被“奋斗”这两个字吓破了胆。相信我，只要你有奋斗的勇气、强大的内心，未来可期。

▼

做一朵深谙奋斗攻略的“黑莲花”

最近有一部叫《延禧攻略》的电视剧很火爆，热度一直居高不下。这部剧也引起了我的兴趣，说老实话，别看我是个大老爷们儿，我也挺爱看这种电视剧。

这部剧的确有它的魅力点，其中最大的看点就是女主的性格：她永远都知道自己要什么。遇到困难也不觉得害怕，从不做“白莲花”，停在原地等着别人去救，而是自己一路奋斗，一点点地学习本领，在遇到危险的时候，自己站起来搏斗。这样另类的女主被可爱的网友们评为“黑莲花”。像这样的“黑莲花”，我身边就有一位。

瑜是个典型的南方妹子，身材小巧，有着一头乌黑的长发，多才多艺。瑜大学毕业那年，北京的房价开始猛涨，租房的价格也让人觉得难以承受。当同寝室的人还在拼命想着挤进城中村的出租房里时，她却直接从宿舍带着行李搬进了男友的家中。瑜的男友是地地道道的北京人，在市区有一套独立住房，不用辛辛苦苦地做“北漂”，这直接引来身边人的羡慕。

不仅如此，瑜的男友还是一家房地产公司的主管，月收入很可观，加上没有租房的压力，生活很惬意。而她不一样，她虽然毕业院校名气大，但刚进社会想找到一份满意的工作也不是件容易的事情。因为两人的经济收入差距很大，或许是男人有些时候的自尊心在作怪吧，瑜的男友开始慢慢地在瑜的面前流露出一种优越感，后来甚至有些居高临下的架势，这让瑜感到很不舒服。

瑜本身就不是一个愿意委曲求全的姑娘，所以二人的相处会有很多摩擦，常常会为了一些小事争吵，有的时候也会冷战，彼此谁也不肯先低头。后来，在一个下雪的夜晚，瑜和男友因为一件衣服吵了起来，在争吵中两人都说了很多重话。她一气之下提出了分手，男友实在受不了瑜的歇斯底里，脱口而出：“好，既然不想跟我在一起，滚啊，现在就滚。”她觉得自己受到了莫大的屈辱，连包都顾不上拿，转身就开门跑了出去。她边哭边跑，大雪肆意地拍在她的脸上，特别凉。

北京的冬天原来这么冷啊，大风刮得脸生疼。路上车水马龙，行人步履匆匆，谁也顾不上去在意一个陌生的姑娘为什么哭泣。她不知道自己走了多久，也不知道自己要去哪里。她沮丧极了。她在这个城市举目无亲，于是找到了一家酒店，用身上仅有的钱订了一间最便宜的房间住下。后来我问过她为何不给大学寝室的室友打电话，瑜说：“那个时候，我不想让任何人看到自己那么狼狈的样子，觉得特别丢脸。”

那晚的大雪下了一夜，瑜一夜未眠。她躺在床上，不停地问自己，为什么自己现在这么落魄？

是不是自己一开始就错了，因为男友的关系，她毕业之后无须找房子，也没有那么积极地找工作。室友们挂在嘴边的北漂不易、租房难过、工作辛苦，这些她浑然不觉。要不是自己跟男友吵架，恐怕瑜还沉浸在自己很幸福、什么都有的假象里。大雪虽然寒冷，却令自己彻底清醒了：无论是谁，无论什么时候，都应该有养活自己的能力。她开始振作，暗暗发誓，以后绝对不会让自己有摔门而去、无家可归的情况。

天亮以后，她到男友家收拾好行李，提着行李箱，瑜开始去中介公司租房子。再三考虑之后，定了一间七八平米的隔断间。之后她又辞掉了原来的工作，跳槽到一家广告公司做企宣。企宣并不是一份轻松的工作，每天处理的事情很多，面对形形色色的人，还需要时刻保持清醒，做的方案要有强烈的话题敏锐度。虽然工作上会有很多的不如意，但是她每当想起那个寒冷的雪夜就咬牙坚持着。

在她找工作期间，男友也曾打电话道歉，并提出要她搬回去住，但是她拒绝了。以前在男友家，真的是两耳不闻窗外事，每天舒舒服服地做“金丝雀”，她以为这就是幸福。后来才明白，那不过是幸福的假象，一碰就破了。

她虽然拒绝了男友的请求，却选择原谅男友。两人依旧交往着，只是男友过去对她的那份傲气似乎少了许多。

两年以后，她的工作开始顺利起来，手里也有了些存款。她买了一个属于自己的小房子，即便房子不大，只要能有张床就可以，在自己的房子里面，无论谁都没有权利对自己说“滚”。一年前，瑜和男友决定走进婚姻的殿堂，二人商量着卖掉之前的小房子，她坚决不同意。瑜说：“那个房子虽小，却给我带来很大的安全感，不能卖。”

瑜的态度让我想起网络上很火的一句话：我嫁，或者不嫁你，我就在那里，不悲不喜；你娶，或者不娶我，房子就在那里，不离不弃。

说实话，我很佩服她内心的强大，在面对逆境的时候，一个小姑娘硬是不愿意依靠任何人，自己闯出自己的一片天。在当今社会不乏在遇到困难的时候会退缩而等人英雄救美的人。梨花带雨，其实每个女孩儿都会，但在困难面前披荆斩棘的却是少数人。

哲学上讲过：经济基础决定上层建筑。那么，套用在爱情里就是：男女双方，哪一方得到了经济主权，哪一方就会有更大的发言权。鸟儿可以肆无忌惮地在树枝上跳跃，不是因为相信爪下的树枝足够坚硬，而是相信自己的翅膀可以飞翔。姑娘们，从现在起，努力去奋斗吧！

青春不是用来等的，而是用来拼的

这些天被朋友安排看了很多青春片，陷入了缅怀过去的情绪里。后来有个朋友送了我几张话剧票，内容是围绕几个年轻人在大学四年发生的种种故事。话剧很好看，看后不免让人激昂得热血沸腾。话剧谢幕的时候，掌声如雷。

我在剧院门口等上洗手间的朋友时，听到了两个年轻人的对话：

“虽说艺术来自生活，但的确高于生活啊。真实的大学生活才没有这么精彩呢。”

“是啊，平淡得跟水一样，四年一晃就过去了，能记住的事情根本就没有多少。谁能像话剧里某某那样，一直都那么拼啊。”

“没错，我觉得周末躲在宿舍被窝玩手机才比较接地气。”

现在的确有很多年轻人在升入大学时，因为刚刚摆脱高中繁重的课业，多了很多的课余时间，一直因高考绷着的弦一下子就松下来了。我同事的女儿袁青就是这样。

袁青高考成绩还算不错，上的是一本院校。她一直都是个爱学习的孩子，所以很早就决定要读研究生，之后要出国留学。为了实现这些目标，她刚进大学没多久，就给自己制订了一个严格的学习计划，每个学期各科成绩都要在九十分以上、拿到奖学金、竞选学生会干部、成为共产党预备党员、英语通过六级等。袁青把这张表郑重地贴在了自己的床头。袁青在心里不止一次地告诉自己，一定要好好努力，让自己变得更好。然而事实却没有按照她预想的方向发展。

周末的时候，袁青收拾好课本，打算去图书馆预习一下下周的课程，但是临出门的时候，看到寝室的两个室友在忘我地打游戏，另一个室友吃完饭就爬上了床，舒舒服服地睡午觉，袁青有些动摇了，想着：我今天也挺累的，要不就休息一下，再说，今天还是周末，就当给自己放个假好了，反正也不差这一天。

竞选学生会干部的前一天早上，需要准备竞选演讲稿，袁青想着：这个做起来太麻烦了，等下午再做吧。于是她转身就又回到了床上，盖上被子，继续睡觉。

等到了晚上，袁青想了半天也不知道该如何下笔，于是想：算了，要不就等明天临时发挥吧，反正就是一个学生会干部嘛，没必要这么认真。结果很公平，成功自然是留给有准备的人。

时间很快就到考英语四级的时候了，虽然袁青之前没有复习，但是靠着高中的英语知识储备，侥幸低分飘过。袁青心里很清楚，如果再这么下去，英语六级很难通过。因此，袁青决定重新按照计划表学习，但是每每她要开始行动的时候，就有一个声音在耳边说："急什么，再等等吧，时间还多着呢，等到快要考试的时候再准备学习也不晚，何必现在就把自己搞得这么累呢？"后来，袁青的计划总是在被延后，久而久之，她也忘记了床头的计划表。

时间如白驹过隙，一下子就到了大四下学期。袁青看着周围忙忙碌碌的人，顿时慌了神，回首自己的大学四年，袁青眼睛不由一热，她很想哭，但是她也知道，自己流再多眼泪，逝去的时间怎么也补不回来了。

人生虽然没有宽度，却是有长度的，哪儿有那么多时间给你等！世界上从来就没有靠等待得来的成功，只有努力奋斗出来的辉煌。那些说着"没关系，再等等"的人，其实不过是自欺欺人罢了。

不要以为你看上去还有时间，就任意浪费着今天，那么你明天只会更忙。不要妄想一个一直选择等待的人会有多么明确的时间观念，他只会把什么都应该今天要做的事情等到明天做，明天要做的事情等到后天做。在他们的眼里，时间总是有的。

根据科学院的调查，有70%的大学生认为自己有拖延症，其中有50%的大学生拖延症已经严重到需要接受严格的治疗。

我身边就有一个严重的拖延症晚期患者，他就是我的同事小贝。小贝一直说要考CPA（注册会计师），已经通过考试的同事给小贝推荐了一家比较不错的培训机构，小贝却迟迟没有报名，好不容易报完名之后，却一直拖着没去上课小贝总是把"下周我就去报名”“下周我就去上课”之类的话挂在嘴上，仿佛这样可以激励自己学习似的。正式上课的时候，每次老师布置了作业之后，小贝又想：我白天工作太累了，还是休息一下吧，作业又不着急，明天上课前完成就行了，不着急。于是他所有的作业都会在截止日期的前一个晚上熬通宵做出来，质量自然不能恭维了。

然后第二天，他就会顶着黑眼圈走进教室或走进公司，跟所有人说：“哎呀，你看我多努力啊，白天上班，晚上还要通宵复习，现在黑眼圈都出来了。”小贝以为可以“骗”过所有人，但是最后的考试结果却不会“骗人”。

不管是袁青还是小贝，他们的一生一直都在等、一直在拖，最后都未能如自己所愿。人生本就短暂，何况能让你肆意挥霍的青春就那么几年。如果只是傻傻地等待，那么无论是几年还是一生，于你都一样没有意义。

你想做的事情，需要用努力去换来，而非守株待兔，不劳而获。因此，朋友们，什么东西都不要等，要趁热打铁，不然很多事情，等着等着就“变味”了。

▼

奋斗路上，心情不好不是做不好的借口

公司前段时间要组织一个项目展示会，需要和战略合作公司一起进行。我和对方公司的一个女生一起坐车去活动现场，一路上她都是一副泫然欲泣的样子，不时用余光偷偷瞄我几眼，似乎是有什么话想说。碍于我正抱着电脑打字，耳朵里还塞着耳机，直到后来到了目的地，车停下了，她都没有说出口。

下车后，我俩走去活动场地，我打开电脑，转身随口问她："车上带来的展板，今天的展会应该够用吧?"没想到，她就像受到什么惊吓似的，说："啊，什么，我刚刚没数，我马上给司机师傅打电话清点一下。"

我起初以为她只是有些紧张，但是之后发生的事情证明我错了。在布置活动现场的时候，偶尔会有几个工作人员问她一些问题，比如，"今天预留给访客的小礼物有没有用带有活动 LOGO 的盒子包装起来""活动大概几点开始、几点结束""活动期间

所需的展示柜台需不需要增加”。这些问题并不难，身为公司活动的相关负责人，这些本应该一一知晓的。但她每每听到问话，总是一脸的惊慌，带着无辜而彷徨语气说：“什么，我没注意。”之后便一次次地从包里拿出手机打给公司进行核对，至于有遗漏的部分就嘱咐随后到来的同事帮她解决。

大家见状，顿时感觉头大。第一批到达展示会现场的人，也看清楚了她的粗枝大叶，索性不再向她提问。与其让她在中间做传声筒，不如直接打给她的公司确认更加节约时间。之后，她就像透明人一样在展示会场内打转，走了好几圈，见没人搭理她，心情有些沮丧。

突然，她怯生生地站在我旁边，轻声问我：“大家怎么都不理我啊，是不是生我气啦？”

原本我们不是一个公司的，我不好意思说什么，加上看到眼前手忙脚乱的同事，我也实在没什么心情去安慰她，便装作没有听见。

但她却很是坚持，拍了拍我的肩说：“你说，我是不是做错什么了？”

虽然我努力压住心里的怒火，但我知道我的脸色并不好看：“你不是公司项目展会的负责人吗？怎么什么事情都需要跟别人确认呢？”

谁知，我不开口还好，我的话一说出来，她的眼泪立刻夺眶而出，竟然掩面痛哭起来。我当下有点儿摸不着头脑了，连忙从兜里拿出一包纸巾递给她，但是她依旧沉浸在自己的情绪里，我见状不知道怎么办是好。过了好大一会儿，她可算安静下来了。随后她却给我讲起了相恋五年的男友出轨的事情，分手故事十分复杂，听起来就像言情小说一样冗长。

说实话，那个时候我有些无语和无奈。我本就不是愿花大把时间、有耐心去开导别人的“知心大哥哥”，我们不过是第一次见面，我甚至连你的全名都不知道，更不要说可以互相了解心事了。即便我有这个耐心，你是不是也要注意一下场合呢？对面是一堆需要马上收拾的烂摊子，并不是可以任你哭泣、随意聊天的公共场所。

她一直在说自己是多么无助、多么伤心，但是我顾不上同情她，便没有接话。

最后她说：“或许今天确实是我的错，但是你知道吗？我现在满脑子都是我前男友的事情，我一点儿心情都没有……”

听到这，我心里不禁觉得眼前这个女孩儿太幼稚。我不再继续听她忘情地控诉男友的种种不是，因为在她口中，对于今天工作上的疏漏，只是两句“心情不好”“没有心情”便一带而过，没有分析原因，没有解决方法。我融入忙忙碌碌的人流，和成熟的人一起奋斗。

在我眼中，女孩儿起码有两点让我很不解。第一，你说的那些事情，有考虑过跟别人有没有关系，别人是不是应该去关注吗？第二，你没心情工作，那为什么要来会场，既然选择出来工作，又为什么让其他人帮你收拾烂摊子？

说白了，失恋也好，失业也好，如果你在那样的低谷里没心情面对别人，不如找一个地方好好疗伤，等自己的心情恢复之后，再重新出发。因为无论是谁都不能任性地让全世界围着你转，跟你站一边。每个人都有自己的生活，凭什么要处处迁就你，凭什么让别人陷入你的情绪世界？

请记住，不是出现在你眼前的任何一个人都是你可以倾诉的对象，即便你要倾诉，也要看对场合、看对时机。另外，错了就是错了，事情是你做错的，那么你还是得收拾心情，重新站起来补救或奋斗。一个成年人最重要的一个标志就是：为自己的所作所为负责，敢于承担后果。

“心情不好”“没有心情”，不可否认，谁都会有那样的时候，但是这绝对不能成为没有完成任务的借口。犯了错误就拿“心情”做挡箭牌，原本应该受到指责的你反而一下子成了受害者，指责你的人反倒成了“不通情达理”的冷血人。

朋友们，在奋斗的路上，别那么娇气，心情不好没什么的。我们早就过了随时随地、随意发泄情绪的年纪了，没有人会那么迁就你。

在人生路上，苦难和挫折不会因为你心情不好而减少，上天不会因为你心情不好而对你另眼相待，它只会安排一道又一道难关来锻炼你的意志。就像唐僧西天取经一样，如果阴天心情不好、晴天没有心情就动了返途的念想，那么最后你一辈子也到不了西天，取不到真经。

▼

坚持一下，再坚持一下

凌晨两点，大雨过后的柏油路反着光。

柳南的左手握着右手，摸着手上的手表，做工非常精细。那天，他在专柜上看到之后，试戴一次就爱不释手，再也不想摘下了，咬了咬牙，他还是决定自己掏钱买下来。

今天，他加班至凌晨四点，看着天快蒙蒙亮的时候，紧张之后的松弛让人感觉格外轻松。他为自己倒了一杯咖啡，斜倚在巨大的落地窗上，眺望远方。夜幕笼罩着这个繁华的都市，深不可测，车辆都打着车灯，嘀嘀地在马路上飞驰，纵横交错的霓虹广告牌像被蒙上厚厚的雨雾，大风刮过，直挺挺的法国梧桐枝叶挥挥洒洒地在半空中交会，在浮光掠影里肆意地穿梭。

他就这么静静地站着，无数的回忆在脑海中开始浮现。多年前，无畏无惧的自己不顾家人好友的反对，只身而来要在这个大城市闯一闯，想到这，突然觉得眼眶有些发热。他记得上次彻夜加班已经是十年前了。

十年前，在大城市拼搏的人还不叫“北漂”。他辞掉家人辛苦托人找的工作，尽管这份工作待遇不错，他却打心眼儿里觉得生活不该如此寡味，于是他选择北上，打算自己闯出一片天。他永远不会忘记，离家时母亲的眼泪和父亲的怒不可遏。

“好啊，你现在翅膀硬了，我管不了你了，你走，走了就别回来。”

他固执地离开了家，暗自憋着一口气，如果不混出个人样来绝不回来见爸妈。然而，现实却化作了冰冷的凄风苦雨，狠狠打在他脸上。北上，无疑就意味着切断了过往的一切人脉和资源，从零开始。整整三个月，尽管他风雨无阻地出门寻找机会，却始终没有等来一份面试通知。曾经的他以为自己足够优秀，但是在北京却被毫不留情地无视。什么豪情壮志，即使很费力地想，他都想不起来了。

仍记得那场面试，胖胖的面试官垮垮地坐在椅子上，斜着狭长的眼睛，跷着二郎腿，将他的简历不留情地抖开。

“你就本科学历啊？这么低。”对方一副遭遇拦路乞丐时满是嫌弃的口吻。

“是，我看招聘启事上写的是本科或本科以上，所以我觉得我是符合的。”他虽然紧张得额头冒汗，但还是双手紧紧握在一起强装镇定地说道。

“没错，是那么写的，但是针对的是北京本地人，你又不是。”面试官咄咄逼人，一点儿情面都不讲。

他怯怯地低下了头。面试结束，他感觉身心俱疲，疲惫地把自己扔在了长椅上。他开始察觉在北京生活的艰难，觉得自己看不到头，甚至觉得当初选择北上就是个错误的决定。当高山横在眼前挡着道路的时候，人自然会泄气，不过，这只是一时的。他没有选择离开北京，他给了自己三个月的时间，他告诉自己，如果三个月内找不到工作，就另做打算。幸运的是，他在第二个月找到了工作。这份工作没有那么讲究学历，也不会在意你是不是北京人，他在一家公司做销售。销售是很考验耐力的工作，开不开单全靠自己的努力，开单就有饭吃，不开单就没饭吃。因为公司推广的产品是理财性质的，在十年前，人们并没有那么强烈的理财观念。人们普遍觉得，只要跟钱有关系的推销都是骗。柳南进公司两个多月，一单都没有开。

他很沮丧，但并不悲观。他像上次那样，又给了自己三个月的时间，告诉自己，坚持一下，再坚持一下。如果三个月的时间到了，自己还是没有业绩，自己就主动离开，正好也别拖累自己的领导。在自己的坚持下，命运开始慢慢地对他友善了起来。三个月的时间还没到，他就拿下了销售小组成立以来最大的订单。

他一直都觉得做销售的那段日子，老天爷耐心地给自己上了一课，自己也收获了不少的东西。很多的东西并不是一开始你想就会有的，有想法、有梦想很重要，但是懂得坚持更重要。

无论什么时候，试着坚持一下，再坚持一下，或许事情就会变得峰回路转。

▼

什么是真正的英雄主义

罗曼·罗兰说："世上只有一种真正的英雄主义，那就是认清生活的真相后依然热爱生活。"

阿关是一个富二代，年纪轻轻身价已经上亿了。和很多趾高气扬的有钱人不一样，他为人很低调，日常生活也很随性。

前几年由于经济市场发展十分迅猛，很多公司因为跟不上经济资本的更新，相继宣布破产。几个月前，阿关爸爸的公司也在香港宣布破产，他从有钱人一下子就变成了一无所有的穷光蛋。

俗话说：从俭入奢易，由奢入俭难。阿关爸爸一蹶不振，妈妈的精神也大不如前。周围的朋友们也很担心他会受不了平凡人的生活。

他向好友借了一笔钱，先是租了一间不错的公寓，虽然自己知道现在是特殊情况，该省的要省，但是孝顺的阿关不想让父母有太大的生活落差，还是选择了贵一点儿、舒服一点儿的房子。

一次，我跟阿关聊天。

“阿关，房子租金不低，你想好怎么生活了吗？”

“嗯，我还没有具体的计划，不过我觉得生活应该往前看，毕竟过去的已经回不来了嘛。”

“你就真的没抱怨过吗？你一下子就从‘太子爷’变成‘老百姓’了呢。心里不难受？”

“什么‘太子爷’啊，你以为是在拍电视剧啊。唉，说不难受不抱怨肯定是假的，我不是抱怨上天一下子把我变成了穷人，也不是难受自己以后的未来该怎么办。我是为我现在的遭遇感到无能为力，有些心烦。其实我从来也没觉得富二代有多么好，毕竟那些钱本来就不是我自己得来的，我是替我爸他们那一辈人难受，这是他们的心血。”

“以后有什么用得着我的，知会一声。”

“肯定的，放心。”

除了借最初的那一笔钱外，阿关之后再也没有麻烦过任何一个朋友，不是因为所谓的拉不下脸，而是真的不需要。阿关一开始靠着自己的画技四处接活，后来有机会进了一家工作室，他非常珍惜这个机会，经常加班加点，老板对他的工作能力非常认可。经过几年的不懈奋斗，阿关的经济情况好了起来，阿关父母看到阿关的成长变化，心里很欣慰，身体也开始恢复健朗。

其实我们都很难做到在受到生活的“暴击”时，再次爬起来，并且依旧热爱生活。生活是什么，生活只是一个名词，过得好不好还要看你自己的决策。就像鲁迅所说：“做奴隶虽然不幸，但并不可怕，因为知道挣扎，毕竟还有挣脱的希望；若是从奴隶生活中寻出美来赞叹、陶醉，就是万劫不复的奴才了。”

《进击的巨人》是日本的一部漫画，是我偶然间上网的时候发现的。它是一部架空作品，背景世界设定在人类科技并不发达的时期。在那个时空里，存在一种可以吃人的物种——巨人，它们的身躯高出人类几十倍，以人类为食，却不为生存，仅仅为了杀戮。在巨人的捕杀中，人类毫无招架之力，为了保护自己，人类筑起了围墙，把巨人隔绝在墙外。这虽然保护了人类，但是也同样限制了自由。

墙外是个未知的世界，有危险但存在着真相。墙内虽然暂时安全，但是资源有限，谁也不敢保证可以支撑多久。如果仅在墙内偷生，不敢想、不敢看，那么墙内的人不管是身躯还是思想都会愈加羸弱，或许不等巨人破门而入的那天自己便先倒下了。

世界以痛吻我，我却报之以歌。即使会遇到生活的暴击，也能勇敢地站起来、走出去，拥抱阳光，敢于自己创造，不畏惧别人的目光。

以己之名，不负此生

▼

以己之名，不负此生

如果有人问我，我身边最有意思的人是谁，我想我一定会说是淇可。淇可，是我刚刚工作的时候，一次去外地出差，在机缘巧合之下认识的。等我们真正意义上称作朋友的时候，是在一场音乐节之后。

那时，我们工作室的几个同事齐心协力，熬了好几个通宵做出的合作案，终于被对方公司认可，成功拿下了一个大单。在庆功宴上，老大为了奖励我们，说给我们报了个旅行团，在当地可以好好地走一走、玩一玩。

淇可就在那个旅行团中，不同的是，我们是一群人，她是一个人。

我看了导游提前一天发的行程安排，其中一项我尤为期待，是一场在露天广场上的摇滚音乐节。虽然之前看过几场演唱会，其中经常会有摇滚乐队暖场、串场的表演，但这样纯粹的以摇滚为中心的音乐节我倒是头一回参加。

一位脸上满是光彩、一头白发的大爷，抱着自己擦得铮亮的吉他上台了，欢呼声响彻全场。

我对同行的朋友说："我还以为唱摇滚的都是一些特立独行的年轻人，没想到还有这么有意思的大爷呢。"

"是啊，挺有意思的，好励志的大爷，哈哈。"朋友回答。

一个站在我们后面的人显然听到了我跟朋友的对话，说："没错，唱摇滚的都是'年轻人'，现在台上那位也年轻啊，有着那么跳动有力的心，怎么会不年轻呢！"

我听到之后回头看去，眼神交汇，点点头表示认同，她随即又将眼神往舞台上看去，对，身后的人就是淇可。

在返程的大巴上，我跟她坐在一起，她告诉我，她爱摇滚，在音乐节去享受一场音乐盛宴，那是一场音乐拼盘，不是只为一个人、一个乐队而来，大家都是为了拥有热情且永远高昂的摇滚。摇滚乐不像其他音乐类型那样有缓有慢、有浅吟、有低唱，而是每一拍都十分强烈，每一句歌词都透着声嘶力竭的呐喊。

她还说，她认识那位大爷，也是出于一次巧合。她第一次被摇滚吸引就是被大爷唱的一句歌词：用我的名字写成的这一生，没有辜负；用我的名字结束这一生，没有束缚。她被这赤条条的、听起来像墓志铭的话震撼了，被"不辜负"、被"不束缚"深深地打动了。

在返程的后半段，我们都有些累了，她提议要不要听着歌闭目养神一下。我说好。我起初还以为那么热爱摇滚的人，手机里估计都是些比较高昂的乐曲呢，没想到她的音乐列表里很多都是比较和缓的轻音乐。

下车的时候，我开玩笑地说："我以为你手机里尽是些'澎湃'的热水呢，没想到还有这么多'白开水'啊。"

她笑着说："总是沸腾的话，心脏受不了。"

那次分手之后，我跟她保持着联络，一直用聊天的 APP 进行沟通。她很喜欢发动态，我只要看到就会点个赞，问个好，评论几句。通过她的动态我渐渐发现她像一只没有足的鸟，永远在"飞"。有很多次，我都发现上午她在这个城市看歌剧，下午就到了另一个城市喂鸽子。

我忍不住调侃她：怎么这么"赶时间"。

她回复：因为人生苦短啊！（末尾配上一个苦笑的表情）

我说：你可真是能折腾啊！

她回复：自己没有什么可失去的，所以会不顾一切地折腾，不想辜负自己接下来的人生。

过了很久，我才终于理解她为什么会这么说，为什么看上去比任何人都那么"用力"地活着。

第二年冬天，我发现她突然不再定时更新动态，最后一次更新竟是在三个月前。原本我以为像她那样的"旅行家"，估计是去了什么有意思而没有信号的地方，顾不上更新了吧。

后来偶然有一天，她给我发信息，说消失的三个月她都是在医院度过的。淇可还告诉我，说自己终于"飞"不动了，原因是：医生已经告诉她，她的心脏已经无法承受写有“淇可”人生的重量了。

我一下子明白为什么她的生活总是在“赶时间”，因为她想给自己的人生多一些标签，多一些可能，不辜负自己的姓名。

我想了很多遍应该怎么回复她，写写删删，最后我说：“以己之名，不负此生。谢谢你，你做到了。”用“淇可”写出的人生来说，是不辜负，不束缚。

我到现在都记得，她的回复是：“亲爱的，我的葬礼你就别来参加了，因为我也没法亲自邀请你。”

果然，她还是那个她，连最后的道别都能这样有意思地对待的淇可。后来，我按照约定没有参加她的葬礼。再后来就没有后来了。

之前，我记得在图书馆看到过这样一个调查问卷：在你漫漫的人生路上，如果让你选择一件最后悔的事情，那是什么？

参与调查问卷的人后悔的事情千奇百怪，有大有小。有的说自己后悔小时候没有拍过照片，现在不知道自己童年的样子；有的说自己后悔没有跟自己特别喜欢的女孩儿表白，甚至连一封情书都没有寄出过；有的说后悔自己大学毕业之后从来没有换过工作，现在想跳槽却不敢；有的说后悔自己没有跟已故的继父说声谢谢；有的说后悔昨天晚上因为孩子淘气，骂了只有三岁的孩子；有的后悔自己昨天没有写作业，今天上课不敢抬头看老师……

通过这些，其实不难发现，这个调查问卷反射出来的一个很有意思的事情。参与调查问卷的人，不分职位，不分年龄，不分身份，后悔的事情绝大多数都是没有去做，而不是为做过的事情进行后悔。是的，在很多个当下，我们都为不知道什么不知名的理由放弃了继续前行的脚步，但是过一段时间，甚至无须很久，第二天，甚至下一秒，就会有无数次后悔的瞬间。好比橱窗里的衣服，自己很喜欢，当下没有买，但是之后很多天，就会无数次后悔自己为什么不买。或许那件衣服并没有多好看，甚至自己也不敢保证一旦买下，自己会不会一直喜欢，放在衣橱里会不会有穿上身的机会。说白了，只是因为暂时得不到，所以成了心里永远的“白月光”。

跟了我两年的下属昨天跟组长提交了辞职申请，说是要去一家新的公司做文职，离家近了很多，薪资待遇也很不错。我给他发信息，祝贺他找到新的工作，马上要开始新生活了。谁知他回复我的口气并不是很开心，其中有句话莫名地戳中了我的心。

他说：“一眼可以看到未来的样子有什么好期待的。”

常常在公司团建或者年会的时候，会听到很多同事议论，说自己在公司已经工作几个月，甚至几年了，有些烦了。那个时候我会想，如果自己的生活一直都没有变化，没有想过让自己过得更加精彩，不去做一些让自己老了有丰富回忆的事情，不去做一些让后代孩子们听了自豪的事情，那么几个月或者几年又有什么区别呢？即便你在这个公司干了一辈子，很多事情日复一日，每一天过得都像 Ctrl+C、Ctrl+V，浑浑噩噩好多天、好多年。蓦然发现，其实什么都没做，那这和刚刚毕业入职没几天的应届生又有什么不一样呢？

听过一首歌，叫《再不疯狂我们就老了》。余生不长，每个人每天仅有二十四小时，但愿你从现在开始，把一样的生活过得不一样，把差点儿意思的人生过得有点儿意思。

▼

任何时候都要保持危机感

圣诞节的时候，郭晨收到了来自好友的礼物，是一条红色的毛巾，毛巾的边缘处有一行隽秀的字，是拉丁语：在三十五岁那一年，我发现自己站在一片幽暗的树林里。

看到这句话时，郭晨的心像被突然扎了一下，这句话用在自己身上多么恰当啊。是的，郭晨，竟然在三十五岁那一年发现了自己身处幽暗的树林里。

二十五岁的郭晨来到一家时尚杂志社上班，那时候，那家杂志社算得上最早的杂志社了。日常工作很随意，不像现在这样需要坐班，那时候不仅可以各地飞，各地观赏旅游，还可以试用最新的护肤品、受邀观看时装秀、住五星级酒店，关键的是，还可以和世界上很多优雅、美丽的人喝下午茶，聊天长见识。不仅如此，在那里，如果你足够努力，拿到同龄人三四倍的薪酬轻而易举。那个时候郭晨几乎每个月在新的杂志发行的时候，都会忍不住拿在手里来回翻看，然后坐在沙发上发一会儿呆，内心充满喜悦。每次翻开杂志看到自己编辑的部分，会觉得非常满足。那个时候觉得世界上最幸福的人也不过如此，郭晨由衷地希望自己可以在这里待一辈子。

但是好日子却不长，随着电子行业的兴起，传统的纸媒行业变得没那么受欢迎，需要出差的日子也越来越少，总编的脸色也越来越难看。更让郭晨心惊胆战的是，总监每次开会的时候总是会格外强调做编辑的要有多元的思维，经常在开会的时候有意无意地说上一句："尤其是我们这种杂志针对的主要消费人群就是年轻人，所以编辑最好都是年轻人，以后人力部门招聘编辑的时候注意一下，年龄最好不要超过三十岁。"郭晨心里顿时咯噔一下，好害怕总监下一句就是要把自己开了。而就在此时，郭晨发现那片幽暗的森林开始在自己的面前慢慢展开它庞大的身躯。知道危险离自己很近，郭晨也知道要走出去，但真的不知道要如何走出去，他看不清出路在哪里。

那个时候的郭晨，觉得自己就像闭着眼睛在悬崖边上走，每天都活在恐惧里，害怕哪天总监突然一声令下，自己就得卷铺盖走人了。那个时候，一向活泼的她，话也变得特别少，生怕自己的一句什么话就引起别人的注意，引起总监的注意。

终于，还是在某一天，她离开了，虽然不是自愿的，却没有什么怨言。

人生里有很多陷阱，变化莫测，谁也不能保证今天你的优势会是你一辈子的优势，能让你放心大胆地一直消耗下去呢！若没有危机感，人生如同温水煮青蛙，当你在最开始的时候不挣扎，那么等水彻底沸腾了，你别无选择，只有等死。这是一种真正的绝望，它让你终于清醒地意识到你只有你自己，你已经把自己淹没在漆黑的森林里，连呼救的力气都没有了。

我们应该保持危机感，不要总是把自己陷入别无选择的境地里。在工作之初或者之中，就可以问问自己：如果没有这份工作，你还能干些什么？如果没有这个人，你还能不能活下去？

或许你最开始的回答会是“不能”，但是经过一次危机之后，你会慎重地说出“不能也得能”。

《道德经》里说：“天地不仁，以万物为刍狗。”世界从来都是如此。

有人问我：“人活在这个世界上三万多天，求取的意义是什么？”

说老实话，我不知道，其实我相信这个世界上知道准确答案的人少之又少。有的人会说：“我们都是肉体凡胎的俗人，有的时候，只是维持生活就花费了我大半的时间，哪里还会去想什么意义呢？”有的人说：“也许生活就是要时刻知道自己会失去，所以不断地努力，让拥有的东西留在自己身边或者在自己身边的时间长一点儿，哪怕一点点儿。”

我不说前者是对还是错，但是我更倾向于后者。任何时候都充满危机感，明白有些东西或许不会永远属于你，但你要懂得珍惜，更要早些找好出路。

▼

因为我们正青春

有时候，我们会把“再不疯狂我们就老了”这句话挂在嘴上。我在想，难道我们的内心真的是躁动得非要疯狂一把吗？不是，我们只是在怕老。年轻代表有一切可能，而老了，就没有力气做一切与青春有关的事情了。而关于什么算老了，我们往往没有明确的时间定义。

刚升大三的女孩儿说：“怎么办，怎么办，我都大三了，看到别人进学生会，拿奖学金，跟着导师做研究，我就特别焦虑。别人那么优秀，而我却连英语四级都没有过，完全比不过人家，我时常在想我的心是不是已经很老了。”已经二十五岁的女孩儿无奈地说：“我已经二十五岁了，在我爸妈眼里，总是觉得我已经到了结婚的年纪了，所以总是给我安排各种相亲，我对每个相亲对象都没有动心的感觉，难道我已经老了吗？内心不会有爱的波澜了吗？”刚入职没多久的同事说：“我本来就因为身体原因比别人晚了两年入学。我的同龄人一个个都已经升职做主管了。再看看我，我觉得我刚大学毕业就已经老了。”

不想变老，是人之本性，自古至今人们对长生不老的愿望都表现得十分迫切。但是时间残酷而公平，没有谁的人生会在某一个阶段一直停留，它总是会用一双看不见的大手把我们推向前。

我想告诉大三的女孩儿：“大三了还没有拿下四级，这件事值得反思。但是我希望你不要沮丧，不要放弃，毕竟现在离毕业还有一段时间，只要你刻苦读书、认真学习，一定可以通过四级。”

我想告诉二十五岁的姑娘：“二十五岁的你怎么了，现代社会是一个开放的多元时代，法律只规定了最早可以结婚的年纪，并没有要求多晚必须结婚。你不是变老了，而是有缘人还未出现，请耐心等待，那个让你动心的人定会慢慢来到你跟前。”

我想告诉同事：“现在讲究能者居之，升职加薪与年龄大小和工作长短没有关系。只要你是优秀的，就肯定有大展拳脚的机会。你看公司里不是有很多没有能力，却在一个岗位上一待就是十几年的人吗？”

的确，张爱玲说过：“成名要趁早。”这个社会也凡事摆出一副赶早不赶晚的架势。在大学里没有多少傲人的成绩，便焦虑不安，觉得自己老了，什么都比不过人家，连每年的生日都懒得庆祝。离开象牙塔，我们又发现，我们不过刚刚毕业就深感自己老了。父母亲友开始轮番轰炸，把我们一窝蜂地送进婚姻殿堂，中间连一丝自由的空气都没有享受到，就已经为人父、为人母了。于是在人生的道路上，我们一路行走，一路回首，一路痛苦：我真的已经老了。

其实老的不是年纪，是你的心。年龄从来就不是问题，问题是你害怕年龄一点点增大的心。当别人跟我们阐述一些该做的事情时，总是以“你都这个年纪了”为出发点。但谁又规定什么年纪就应该做什么样的事情呢？每个人的一生都会面临很多个不同的阶段，在各个阶段找到自己感兴趣的事情，并且全身心地投入进去。这样的话，就不会对一个空洞的表示年龄的数字格外敏感和恐惧了。

有一间露天咖啡屋，它的名字我很喜欢，叫作随即。老板娘是一个五十六岁的女人，但她的脸上常常透露出年轻女人的精致，脸上化着淡妆，眉毛也画得很淡，仅是嘴上那一抹鲜红就特别亮眼、张扬。她和别的老板不一样，不会一整天守在吧台。她时常穿着优雅复古的裙子静坐在一个角落，边看书边喝咖啡，下雨天的时候，她也会主动跟客人聊一会儿。她是个风趣又有故事的人，客人们每次跟她聊些什么时她总是会捧腹大笑。

我喜欢这间咖啡屋带给人的温馨舒适感。每每约朋友见面都会来这里。

闲来无事，来咖啡屋坐坐，正好好友阿强来电，有事找我，就约他来咖啡屋。他一进门就跟我大吐苦水：“你知道吗？上个星期，我妈又给我安排了一个相亲对象，对方长得什么样我就不多做评价了——毕业三年了，工作一次都没有找过，不思进取、好吃懒做，上来就问我有房有车没有，典型的拜金女。你说我怎么就沦落到这个地步了，难道我真的是老了，为什么我爸妈就觉得我找不到更好的呢，随便什么人都塞给我。唉，想到下周还有一次相亲我就头大。”

我一时之间不知道该怎么安慰好友。老板娘走过来，给我们送上一壶咖啡，她说：“小伙子，我刚听了一耳朵你们的话，要是真的像你说的，拜金女可配不上你。”

我们请老板娘坐下，老板娘道了声谢，之后给我们讲起了自己的故事：“我三十五才结婚，三十六有的孩子。你们不知道，在那个年代，这在我们村是一件多么不可思议的事。当年父母拗不过我，我自己跑到大城市工作，他们也就管不着我。后来我也碰到了一些人，但都不合适。因为我不想将就，不愿意委屈自己，就这么一直等着，终于等到三十四岁那年他才出现。”

我和好友很吃惊，说实话，当今社会在男女的结婚年龄这个问题上，本来对于男人相对宽松，男人可以先打拼事业，之后考虑婚姻，但是女人往往不一样。现在对于未婚的三十五岁的男人和女人，大家看法尚且截然不同，更何况相对保守的二十世纪。

我很吃惊：“老板娘，您真有魄力，就不怕真的嫁不出去吗？”

老板娘不在意地说：“说完全不担心那是假的，但我还是想顺从自己的心意。你还这么年轻，应该以自己喜欢的事情为主，不要碰到年纪的问题就随便将就，不然总有一天你会后悔。”

纪伯伦曾经说过：“如果有一天——你不再寻找爱情，只是去爱；你不再渴望成功，只是去做；你不再追逐成长，只是去修——一切才真正开始。”只要珍惜时间，放开去做就好了。老并不可怕，年龄只不过是个数字。或许迟早它会爬上你的脸，体现在你的身体上，但这并不能成为你委屈自己、放弃努力的借口。

二十多岁，我们正青春。不必为过去的失败悲伤，只要你有颗依旧年轻的心，就应无畏暂时的挫败；不必着急结婚生子，遇到爱情的时候就紧紧抓住，没有也不强求，不做年龄的傀儡；不必因为晚出发就懊恼，只要尽全力奔跑，即便有些东西追不到，也依然在向上。

只要有颗年轻的心，就无须畏惧年老。

因为你热爱，所以一切都变得有意义

我是一个喜欢分享的人，所以常常喜欢给身边的人安排一些东西。当然我也很喜欢别人跟我说“你听过这首歌吗？特别好听，我觉得你肯定喜欢。”“这个特别好用，你放在家里试试看。”“你知道吗？有个叫某某的地方，那里的景色美极了，有机会你一定要去看看。”……

在聚会吃饭的时候，一位朋友突然站起来，指着眼前的盘子，大叫一声：“服务员，服务员，你们老板呢？把他叫过来一下。”我以为饭菜里发现了什么不该出现的东西——什么虫子之类的，吓得我连忙放下筷子。

朋友有些激动，把一个服务员吓得够呛，以为发生了什么事，进来之后一直说：“不好意思，请问有什么需要帮助的吗？是菜品有什么问题吗？”“不是菜的事，你家的菜很好吃，我只是觉得你这盘子特别好看，想问问哪儿买的，要是方便的话，能不能卖给我？”朋友拿起眼前的盘子十分认真地说。

服务员和我都深呼了一口气，合着这么激动是因为看上盘子了啊。不一会儿，老板就出现了，特别爽快地说：“这个是我多年前在外地一个地方淘来的，我喜欢收集心仪的餐具，你要是喜欢，我那还有一个，就送给你吧。”

对于吃饭的人来说，盘子就是简简单单的盘子，就是一个器具，别无意义。但就是因为一个人的热爱，收集盘子就变得有意义。更有意思的就是，偶然之间，一个热气腾腾的灵魂就会遇到另一个热气腾腾的灵魂。

生活中时常会遇到这样的事情：

一个爱书如命的人，会因为买了一款香薰蜡烛就激动地邀请所有的朋友来家里喝茶，仅仅因为这个蜡烛的名字叫“书店”。他迫切地想跟身边的人分享一下“书店”的味道，就像有糖的孩子那样满足。

一个喜欢雨天的人，会因为天气预报说明天是雨天就开心不已。她会一遍遍地跟周围每个人汇报明天的天气，不厌其烦，开心得就仿佛明天那场雨此时就下在她头上一样。

很多东西本身没有多大意义，因为你热爱，从而变得有意义。“书店”这个名字不是香薰蜡烛一开始的名字，而是因为有人热爱它，为它取了一个美丽的名字。因为这个名字，它被重新定义，被另一个灵魂珍视。雨天没有什么特别的意义，不过就是自然天气，但是有人因为在雨天发生了一些故事，或好或坏，因此赋予了它意义。

人们常常因为不能理解其中的深意就觉得别人在做无用功，甚至喜欢说一些没有意义的话。

有一次跟一位在美国读博士的朋友聊起了中美大学生活的差异，他感慨地说："在美国的大学里面，是很自由的，不像中国的大学生大多二十四五岁，美国大学没有年龄的限制。在教室，你经常可以看到六十岁的老年人与二十岁左右的青年人同班学习，互不干扰，互相帮助。你不知道，有一次，我去自习室复习，看到教室里有一位头发花白的老先生在认真地看书，他前前后后坐的都是年轻人，那情形真是一道靓丽的风景。"

在中国，要是在图书馆看到一位白发苍苍的老爷爷周围坐着一圈黑发的年轻人，我想，肯定会引人注目。其实在你喜欢的东西面前不要太畏惧别人的眼光，只要是你热爱的，它就会意义非凡。

▼

你若盛开，清风自来

上周，小牧辞职了。公司里却没人觉得惋惜，因为他在这个公司留下的只有溜须拍马、阿谀奉承的印象。

小牧是边城一个小镇上的人，家境贫寒，家中兄弟姐妹又多，所以一路摸爬滚打很多年，他渐渐发现，在职场上靠能力出头只是书里写来“骗”人们努力工作的，真的想要省点儿力气，巴结领导、结交人脉才是正道。

他进公司以后，就对他的主管领导各种献殷勤，鞍前马后。俗话说：“拿人手短，吃人嘴软。”他的主管一开始在业务上对他有所提拔和关照。小牧尝到一些甜头，见自己所做的有所回报，便变本加厉，想要获得更多的业务，甚至到最后都有些无所不用其极，买星巴克什么的都是小事，什么香奈儿的赠品、LV的折扣礼包、游乐园的门票、商城的购物券等，都不惜往外送。要说谁最了解主管的饮食习惯，恐怕除了主管自己就是小牧了。

我有小牧的微信，时常可以看到小牧在主管发的动态下殷勤地点赞、评论，一条都不落下。而在小牧的朋友圈里，他不是在加班，就是在加班的路上。只要跟主管一起吃饭就一定会发自拍，并且以主管给自己朋友圈点赞为荣。

不过，就在半个月前，这位主管却跳槽到别的公司了，并且连小牧都没有告诉。

这时，小牧开始傻眼了。自己一直倚仗的靠山说走就走了，而自己呢，回过头看看，以往逢迎的同事纷纷在新的主管面前说自己的坏话，对他之前的行径很是不齿。而周围的同事，自己之前只顾着奉承主管了，没有一个是认真、真心相待的，到头来自然是孤零零一个人了。面对这样的处境，小牧无论如何在公司都没脸待下去了。

小牧辞职那天，我念在我们共事一场，而且之前他还送过我老家特产的情分上，我跟他喝了最后一次酒。他喝得有些多，嘴里一直念叨着只有特产没白送。最后声泪俱下地控诉着问我："为什么我活得跟个孙子一样，辛苦地经营着'人脉'，到头来还是一败涂地。"

看着烂醉的小牧，我没有回答他的问题，我不肯定，也不否定。我心里只是在想，假设他一直以为所谓的"人脉"是靠溜须拍马就能累积起来的话，恐怕这一生都很难翻身了。小牧以为的"人脉"自始至终就是个趋炎附势的手段，其实人脉是等价交换的媒介。真正的"人脉"最终的结果是达到双赢，而不是攀附在一个人的身上，不是树倒猢狲散的依附关系。

成功不是不可以依靠人脉，如果你有，自然可以使用；如果没有，也没什么好落寞的。当我们觉得自己不够优秀的时候，我们会不自觉地以为自己低人一等，这是常理。我们会不自觉地想要和优秀的人做朋友，可现实的差距往往会让我们不由自主地产生迎合心理。但是我想跟这样的人说："朋友，不同的阅历只是张不同级别的车票，赶路的你，不需要太多朋友。"

我记得我大学刚毕业的时候，也是战战兢兢的。在第一家公司的时候，同事们都是这个行业经验丰富、业务老练的老员工。当时我抱着快速融入团队的心情，努力想让自己变得有价值，于是我每天早上连早餐都顾不上吃，总是第一个到办公室把所有同事垃圾桶里的垃圾都倒掉，并续满茶杯里的热水。

后来同事们从一开始的欣喜到养成习惯，再到稍有工作上的不顺就把矛头指向我，比如有人站起来大声咆哮着说："谁啊，往我杯子里倒了这么烫的水，想烫死谁啊……"有人手忙脚乱的时候会埋怨："真的是烦死了，想找个东西都找不到，我昨天扔在垃圾桶的合同本来还想看看的，谁这么手快都给我倒了？下次能不能征求别人的同意啊，真的是……"

其实不然，职场不是人生的全部，没有必要一味地迎合大家，工作不是为了交朋友。大家在一起是为了如何让工作变得更好，并不是为了完成工作而迎合其他人，这样是没有必要的。如果只是一味地迎合，很大程度上你就失去了特色，渐渐地也丢失了自己。

已经习惯卑微到尘土里的人，当别人心情不好的时候，谁都可以拿你出气。所以不难发现，有的时候你再怎么努力，对于“合群”来说，也仅仅是在短暂的时间里填补了别人嫌弃、自己多余的空缺而已。

物以类聚，人以群分，只要足够努力，总会找到属于自己的一片天空。其实，说实话，看着每次努力迎合别人却依然在边缘的你是不是很心疼呢？

用我很喜欢的一段话来跟朋友们共勉：不要去追一匹马，用追马的时间种草，待到春暖花开时，自会有大批骏马驰骋在你的草场；不去刻意讨好哪个人，用暂时没有真正朋友的时间去完善自己的能力，待到时机成熟时，会有一大批的朋友任你选择。用人情交出来的朋友只是暂时的，用人格和心意吸引来的朋友才能长久。所以，丰富自己，比取悦他人要有力得多。